# 處方式保養

一客一方 皮膚管理技術

**處方式保養**®
一客一方 / 皮膚管理技術

# 提供愛美者
# 全方位的服務

愛美是人的天性，隨著經濟的發展與醫療的進步，愛美的人更多了，而且更勇於嘗試！由劉興亞醫師帶領的碧盈美學集團二十年來一直是醫學美容界高度讚譽的團隊，為台灣和遍及全世界的華人，提供了最高端而全面的醫學科學護膚居家保養服務，也是台灣醫學界、政商名流界少數被認可的專業服務團隊。

劉興亞醫師同時擁有中西醫臨床學識，其融合中醫理論概念和最先進的西方醫學護膚研究，獨創出處方式保養皮膚管理技術系統，運用中西醫臨床思維作為皮膚管理的基本架構。讓皮膚環境及體質充分的融入在保養方案的規劃中，使顧客皮膚隨時保持在最佳的狀態，在保養品市場應該是絕無僅有的營運模式。

個人從事整型外科行業三十多年，經常有愛美者來進行微整或整型抗衰的手術。手術可以達到改變外型的效果，但各種美容的問題讓我深刻認知到皮膚的基礎健康狀態以及防護意識教育的重要性，這亦是整型外科醫師與求美者溝通時非常重要而必須的教育工作。個人多次接觸碧盈美學的顧客，深刻感

受到碧盈顧客的膚質和膚色確實遠遠在一般愛美人士之上，非常的細緻光白，充分體現出整型醫學與皮膚美容保養管理的完美結合，可以提供愛美者全方位的服務。

劉醫師的大作《處方式保養：一客一方　皮膚管理技術》，首次在書中完整公開二十年來碧盈獨創全個人化的（individualized）肌膚保養管理模組，此部著作，不僅是一般大眾最適合的皮膚保養聖典，也是專業人士提升醫學美容知識與技能的一本經典之作。願大家都能藉由此書找到「屬於自己獨一無二的保養方式」，找到每個屬於自己的美麗與帥氣。很高興能為劉醫師的大作寫序！

## 陳錫根
國防醫學院教授
台灣整形外科醫學會理事長
台灣三軍總醫院副院長

# 以中西醫學整合功力
# 將皮膚保養推向新高度

　　和興亞醫師已經是數十年的老同學了。從大學時代，他就是一個很認真專心於課業上的好學生。畢業後一起到三總任職，他更是一個人見人愛，從門診到病房，從護士到醫院的領導，大家非常推崇的好醫師。

　　興亞醫師，除了西醫本科以外，又同時擁有台灣中醫師執照，和大陸中醫師執照，這在台灣的醫界上是絕無僅有的。後來為了更深入了解中醫的醫理及奧妙，遠赴南京攻讀中醫學博士，這種窮知致理做學問的態度，更是令人敬佩。

　　他將臨床上專業專注，認真負責，窮知致理，近乎苛求的臨床研究精神，用於碧盈美學的保養品開發和皮膚調理療程上，以其中西醫學整合的專業功力，將皮膚保養和問題肌膚治療推向醫學美容從未有的新高度。

　　《處方式保養：一客一方　皮膚管理技術》，匯集了興亞醫師數十年來對皮膚保養，調理，治療的專業與獨特心得，非常適合一般大眾對自身肌膚的照顧和專業人士在皮膚治療上的醫學指引，非常樂於推薦給大家。

**何景良**

國防醫學院教授

台灣三軍總醫院醫療副院長

# 健康之美 神形之美

　　WHO 對人類健康的定義：「健康是身體上和社會適應上的一種完美狀態，而不是沒有疾病和衰弱狀態。」當人類從醫學的照護擺脫了疾病之害時，進而追求身體之美，本是對生命品質昇華的自然追求，而有美容醫學的興起。亞里斯多德認為美是一種「善」，「善」就是正向，以醫學科學來維護、修護肌膚，來塑造人體自身之美，進而激發人的生命活力，使自身被樂於親近，增進友善的人際關係，從而發揮生命潛力，而創造更輝煌的人生。

　　白玉般無瑕的肌膚，人體之美歷來是藝術家追求與創作的對象，當現代醫學也將人體美學納入研究與醫療的領域，而使美容醫學進入蓬勃發展的輝煌時代。追求人體肌膚之美，中西自古皆有，西方有維納斯美神的崇拜，而中華民族古《詩經》就有許多敍述楚楚動人美女形象的詩歌傳之後代，而中醫歷代文獻也有 7、8 百味中藥，2000 多方劑用於美肌膚、益顏色。

　　劉興亞博士是三總醫院的資深西醫師，對中醫更有厚實的研究，因其學貫中西的背景，以西醫美容的理論，加入中醫天人合一，平衡陰陽的整體觀念，並以中醫辨證論治的思維為不同體質、不同病因、不同年齡的肌膚量身打造保養或治療，美容是科學，也是工程，劉興亞博士以豐厚的中西醫學養為載體，用以追求人體肌膚美學的最高層次，是健康之美，也是神形之美。

**黃碧松**
台灣中醫皮膚科醫學會名譽理事長
中華中醫醫學會全聯會副理事長
醫學博士 榮譽博士生導師

# 「治未病」的新美學

　　新冠疫情改變了人們的工作方式，為了保持社交距離，連對美妝保養的需求都出現根本變化。廣告商說，戴上口罩、居家工作，讓台灣美妝保養消費人次在 2020 年上半年（疫情大流行期間）少掉 700 萬人次！

　　單看數字真是嚇人，但是，仔細想想，不管美女或是帥哥，只因為跟同事、客戶、朋友的實體接觸頻次減少，就會降低自身保養皮膚的需求嗎？或是因為戴上口罩，就不想擁有亮麗的肌膚嗎？怎麼想，以上兩個問題的答案應該都是「NO！」可是就消費行為看，美妝保養品的消費人次確實見到銳減的情況，為什麼？

　　看了劉醫師的新書，單是「一客一方 皮膚管理術」這個標題，就讓我馬上頓悟！原來，不是疫情、不是保持社交距離、遠距工作，降低了人們保養肌膚的需求，而是傳統那種賣美妝保養品的方法踢到鐵板，見到阻礙了，不論是談時尚流行或是強調 CP 值、還是標榜所謂「品牌魅力」所創造出來的美妝保養需求，其實都不是真正接地氣的「真實」需求，都只是「包裝」、是在行銷！

　　其實，人們真正的需求應該是要恢復自己肌膚本來該有的魅力，找到「屬於自己、獨一無二的保養方式」。不論是培

養生活好習慣，或是改變飲食，或是取得一份客製化的保養處方，這個「處方」的內容應該不是只有「硬體」的產品，更應該包括「軟體」的處方內容。最最關鍵的原則應該是「客製化」三個字，因為你就是和別人不一樣，應該要有一套個人肌膚保健的解決方案。

　　除了「客製化」的真實需求，劉醫師還提出「治未病」的新美學。這觀念完全是「超前部署」的寫照，是中國古老醫書《黃帝內經》──《靈樞・逆順》第五十五篇「上工治未病，不治已病」的現代場景應用。相較於眾多醫美專家，用療效、時尚美學做訴求，劉醫師從中醫入手，掌握傳統經典「預防重於治療」的精神、結合現代醫學的數據和工具，為人們找到強健自身肌膚的有效方法。我只能說，這位博士不只有良心、更是有佛心啊！他的書，值得看，而且仔細地看！

朱紀中
台灣商業雜誌第一品牌商周集團總經理

# 做好皮膚保養管理，需要有系統的正確保養方法

醫學美容一直是各種產業中高度專業的領域，也是近年來持續成長的產業，而愛美是人的天性，但維持「健康的美麗」才是最基本也最重要的保養理念。

如果要找到屬於自己獨一無二的保養方式，確實是一種非常不容易的專業服務，但本書作者劉興亞醫師所創立的碧盈美學集團似乎已經做到了，他的系統思維圍繞在「健康的」美麗上，並且架構出系統化服務需內外兼備的完整邏輯。單從皮膚探究不同的人種、不同的生活方式，以及愛美者不同的需求，要綜合出正確適當的保養方式，本身就是很困難的一件事，所以書中提到：「保養觀念對了，保養行為才會對，保養的效果才能長久」，就可以明白要做好皮膚保養管理，不能只是依賴一個好產品，而是一整套有系統的正確保養方法。

中國大陸、美國、日本這些大的經濟體崛起和技術革命創造出的巨大商機，往往伴隨著龐大競爭。因此企業必須要在新全球秩序後的經營板塊中，戮力於創造獨特性以實現異軍突起，且能可長可久的發展出經濟規模。而什麼樣的行業具備這樣的條件？有產學界學認為答案是——基礎設施級的行業或是生活必需的（如保養品產業）。如果企業能在這個行業中建立起某種易懂難學（如系統化的處方保養）的不可替代地位，就能夠建立起有持續性、有效的商業模式，而這種長期互利互惠的雙贏商業模式就是該集團的卓越思維之處，也符合產業未來高度可持續發展的經營條件。

一個企業的競爭優勢，經營者常常會從成本角度、產品特色、服務品質等角度切入，很少有企業會一路從「專業的細

節、專業的需求反饋，再到中長期積累沉澱的臨床經驗知識」
中去成就品牌。從劉醫師的書中可以感受到，他的企業就是將
自己醫學的臨床經驗知識，轉化成皮膚管理的服務系統（處方
保養），而這個系統又隨時能以最新醫學知識來優化其服務，
這和一般的品牌或只重視外部保養的系統，有著明顯的差異。
就像中西醫互補整合一樣，可以達到「內外兼顧、整體與要素
並進」的優勢發展能力，是一種非常創新、典範移轉式的經營
模式。

劉醫師在其大作中提到處方式保養「一客一方」的皮膚管
理技術，強調真正的保養理念是「保護比保養重要；沒有一個
保養品成分，會比皮膚『自己產生的』更有效」，這是他在書
中不斷強調的經典理念；從美容的角度而言確實是深入生活的
保養哲學。同時，劉醫師亦秉持著整合建構一個文明型企業的
宗旨與理念，在書中也可以明確感受到他的經營思想蘊含著從
真、善到求美的企業文化及堅定信仰，與系統化的組織發展觀
念，他的理想是打造出一個有團隊制度、有智慧、實事求是，
且與時俱進的現代化企業。

總結而言，這本書不但是美容的寶典，也是一本企業經營
強化「洞察力與競爭力」的可學習範本，故本人敬虔地為其撰
寫推薦序，共同應許一個更美好的社會與未來！

**嚴奇峰**
中原大學前商學院院長

# 量身訂製處方
# 保養上上策

　　和劉興亞醫師是國中、高中同學，是認識超過四十年的朋友。近年拜同學會之賜，同學聚會天南地北無話不談，聊家庭、聊生活、聊工作，健康更是熱門的話題。興亞醫生的身分，自然是同學夫妻們在健康保養方面最好的專業諮詢對象。他不但是三軍總醫院的資深主任醫師，之後又去中國醫藥大學研習中醫醫理以滿足中學時代著迷中醫藥理的夢想，成為台灣少有同時專精中西醫學理論與實務的博士醫生。興亞醫師對於醫美這個領域很有自己的想法和理念，一直在想如何能夠將自己特有的中西醫學專業知識和經驗去幫助更多的人擁抱幸福。他的理念是每個人的體質都是獨一無二，只有量身訂製的處方，配合肌膚再生的原理激發皮膚自我修復的能力，才是保養的上上之策。如今，樂見興亞醫師將他畢生所學以淺顯易懂的語言，佐以科學論證集結成冊，並將保養的理念加以推廣，實在是讀者大眾的福氣。

王郁琦

穩懋半導體副董事長

# 最完美的中西醫學合璧

　　劉興亞醫師博士這本書敍述一個認識自己皮膚的正確觀念。從生活起居，吃東西的習慣來解說影響皮膚的狀況。吃水保水，就如同劉醫師書中引述德國哲學家費爾巴哈的名言「you are what you eat 人如其食」。皮膚是由細胞所組成的，而且皮膚是人體最大的器官！每個人的皮膚都是獨一無二的，每一個人都是最珍貴的個體。保養皮膚、美容皮膚，國內外自古至今化妝品、保養品從來沒有退流行。

　　我研究化妝品也在大學教化妝品 20 年，讀完這本書後，感覺很適合一般大眾男女閱讀，讓你正確了解自己皮膚，了解如何保養，正確選擇適合自己的保養品、化妝品。這本書就像一位醫師，把醫師請來家裡隨時可以諮詢，熟讀了這本書後就能夠激發出自己內在自我的醫師。

　　人都會老但一定會變醜嗎？人是會老的，但是皮膚經由正確保養就不會變醜，逆齡回春可能嗎？科學家還在努力中，但是皮膚正確保養就能抗衰老保青春這是肯定的。中西醫學結合，當東方遇上西方。這本書是最完美的中西合璧，劉興亞醫師這本《處方式保養：一客一方 皮膚管理技術》，是東方美加上西方的媚成為最好的美媚指導書。「小心美麗的陷阱劉博士有話講」這個章節裡分述了很多以前大家傻傻分不清楚的觀念，值得大家細細的進一步去了解。最後一章節「他們的美麗心聲」，更是令人印象深刻。

　　劉興亞醫師擁有醫學博士專業且行醫多年，這本書娓娓道來專業的經驗並深入淺出的解說，閱讀之後非常推薦大家來閱讀這本《處方式保養：一客一方 皮膚管理技術》，謝謝大家。

**陳耀寬**

英國牛津大學生化博士
國立台灣大學化學系博士後研究
英國牛津生技中心教授

# 女為《己悅》者容——
# 讓你顧盼生輝的碧盈美學

　　史記作者司馬遷名言：「士為知己者用，女為悅己者容」，時至今日的兩性平權時代，女人的刻意妝扮容貌，絕對不是只為取悅喜歡的男人或是引人注目，而是一種作為女性自覺的主體思維，也就是從體膚的健康保養、乃至對自己賞心悅目的自信表現。

　　俗話說：「世上沒有醜女人，只有懶女人」，這句話的意義是說，若對自己外貌的起碼梳理，都不願意花上精神的話，再怎樣天生麗質，也經不起時光的消磨凋萎，相反的，若能勤加打理、建立正確養護肌膚的觀念，那麼，容光煥發的外表，自然呈現出個人獨特的魅力，這才是「美麗」的真義。

　　然而，身為現代女性的角色扮演，有家庭（政）主婦、職業上班族，亦有單身貴族、為人妻、為人母等不同身分，姑不論經濟能力如何，想要有充分時間吸收醫美知識，以及有效的保養方法，在現實生活當中常常不被允許。因此，往往會由氾濫、未經求證的化妝品廣告裡，或者只憑親朋好友各自經驗的推薦，盲目購買、甚至貴得嚇人的產品來使用，尤有進者，嘗試了所謂先進療法，竟造成傷害後果。

　　有鑑於此，「台灣碧盈美學集團」執行長劉興亞醫師，根

據他從事美容醫療數十年的實務心得，寫出《處方式保養：一客一方 皮膚管理技術》一書。從書名即可知道，劉醫師一針見血點出保養對象的個別差異性，以及客製化的全方位護理原則；尤其難能可貴的是，劉醫師藉由擅長的中西整合技術，應用到教育體系的平台，形成專業的諮詢師團隊，確保客戶能夠得到最適合的產品與服務。

「沒有一個保養品成分，會比皮膚自己產生的更有效」，這是劉醫師在書中不斷強調的經典理念；本人在讀過此一理論實例兼備、導正錯誤迷失的立論後，不僅個人獲益匪淺，更認為該部著作，直可視為一大眾修習「皮膚生理學堂」的教科書，故樂意為其撰寫推薦序！

**黃捷雲**
兩岸生技產業合作協會理事長

# 用簡單的保養
# 讓肌膚完美呈現

　　在偶然的機緣下，因為孩子的肌膚問題認識了劉醫師以及碧盈美學。在治療過程中覺得孩子皮膚進步挺好的，後來連自己和母親也來了，真的是一家都成了碧盈的粉絲。

　　一直以來，最喜歡的就是碧盈能夠用簡單的保養讓自己的肌膚完美的呈現，尤其對於忙碌的我，簡單、實用、安全是最重要的。十幾年下來，也跟劉醫師和其帶領的碧盈諮詢師們結下了深厚的情緣。

　　劉醫師將這 20 年來經營碧盈美學的心得集結成冊，並介紹一般大眾在美容保養上應具備的醫學知識，閱後受益良多，也很開心的推薦給各位朋友，相信大家都能在書中找到最完美的自己。


**陳藹玲**
富邦文教基金會執行董事

# 讓皮膚一直維持在最好的年輕健康狀態

　　認識劉醫師已經 10 幾年了，當初是在一個機緣巧合的情況下，因為皮膚有點敏感的現象又覺得自己有點偏黃不夠白而認識了碧盈美學。第一次見面時，劉醫師詳細分析了我的皮膚狀況，並且清楚說明後面會如何進行皮膚的調理步驟，那時候心裡想，就試試看吧。沒想到，在劉醫師的調理和碧盈諮詢師專業的照顧下，皮膚一天天地越來越好，越來越白，也越來越細緻。好多朋友看到我，都會驚呼地問我皮膚為什麼那麼白、那麼透，甚至走在路上，也會有很多女生頻頻回頭看我。其實我本身的皮膚就很白，就是臉部稍微有點偏黃而已，沒想到碧盈竟然讓我的臉部皮膚比身體更白，真的是令人不敢相信。

　　碧盈美學的量身訂做，一客一方，是完全根據自己的皮膚來設計獨特而專屬的保養療程，真的是很專業。產品安全又很溫和，甚至我的小寶寶都可以用。這麼多年來，雖然因為工作的關係，常常要接觸一些比較刺激性的東西，但是碧盈讓我的皮膚一直維持在最好的年輕健康狀態。

　　在這本書裡面劉醫師介紹了很多醫學美容的知識，以及我們常常誤以為是的美容常識，也首次在書中講述了碧盈獨特而專業的處方式保養，開心推薦這本書給大家，希望所有愛美的女性朋友都能夠找到專屬於自己的美麗方程式。

**王思涵**
GRACE HAN 設計師

# 天下沒有醜女人，
# 只有沒保養的女人

　　年輕時總覺得自己年輕，又住在環境清新空氣好的山城——九份，所以對保養品完全說 No ！但是隨著年紀增長，工作的繁忙，40 幾歲開始發現毛孔愈來愈粗大，皮膚也黯淡無光。天啊！難道這就是年輕時不保養的下場嗎？！

　　還好，認識了劉醫師，他的專業知識和處方式保養讓我及時找回年輕時的光采。劉醫師針對我的膚況設計了一套專屬的療程，並很耐心的教導我開始使用保養品，真的早晚只需一點時間就能把逝去的青春美麗慢慢地找回年輕的模樣，讓我現在 60 幾歲了還能讓大家說：再靠近一點看，我的皮膚很 Q 彈水嫩喔～！

　　20 年了，謝謝劉醫師和他的團隊夥伴，謝謝你們讓我一直自信滿滿，相信下一個 20 年我依然如此自信美麗！

許淑靜

九份阿妹茶樓負責人

# 與碧盈結下不解之緣

　　畢業後 45 年的一次同學會中，我驚訝地發現，一樣 60 幾歲年齡的林同學竟然有著一張透亮白皙的臉……。反觀自己，整張臉像個調色盤一般，膚色不均勻，毛孔粗大鬆弛，一臉老態。看著同學年輕健康的肌膚真的是讓我欣羨不已，也因此認識了「碧盈」，從此和碧盈結下了不解之緣。

　　兩年來遵照諮詢師的處方調配使用，肌膚的改變點滴可見，終於讓我由黯淡的調色盤變成了精彩人生，尤其是睡前只要輕鬆洗臉稍做保養就可倒頭睡覺，白天除了擦保養品、上口紅即可自信滿滿地出門。雖然現已年近 70，今後我真的願意下工夫，投資自己成為漂亮的女人，也相信在碧盈的照顧下，我的臉會一直如此容光煥發，健康自信。

**游月娥**

台灣傳統小吃第一品牌「太子油飯」創始人

# 保養皮膚是女人一生最重要的事業之一

　　一直都還記憶深刻，那天我在髮廊剪髮，我的髮型師如往常般與我閒話家常：「妳長得挺美的，就是膚況差了些。」當下我難掩情緒，既生氣又羞愧，卻又無以回駁，工作向來無往不利，女強人如我，而臉上皮膚的狀況，是我無法掩飾的脆弱。

　　打從學生時期，我就特別愛美、特別著重打扮，因為東方人鍾愛美白，承襲了母親皮膚白皙的好基因，外型高瘦皮膚嫩白的我總是學校裡受歡迎的人物。但因為求學過程中課業壓力過大，經常性的熬夜，長期下來賀爾蒙失調導致滿臉青春痘，正值荳蔻年華且曾帶著人人讚美光環的自己，每天回家只想躲在被子裡，早上去學校前，我會用遮瑕膏，一層又一層地掩蓋住我那不聽使喚的青春痘，當然，遮瑕膏使得我的毛細孔阻塞膚況每況愈下。幾年後，我去了美國邁阿密唸書，美國氣候較乾燥，空氣也較好，我原以為終於可以擺脫長年伴隨的青春痘惡夢了，卻沒想到，邁阿密天氣炎熱，時而潮濕時而乾燥的天氣讓我的皮膚產生了更嚴重的變化。青春痘少了卻留下許多暗紅色的痘疤，時乾時濕的氣候讓我的皮膚變得泛紅敏感，不懂得防曬所以整臉斑點毛細孔粗大，市面上充斥著各式標榜淡斑、去痘、抗敏的保養品，便宜的昂貴的，我無一不嘗試。花了可觀的金錢，臉上皮膚卻不見起色，我只好用厚厚的粉底去遮蓋泛紅、坑洞及痘疤。皮膚不好使人越來越沒有自信，記得那段時間裡，我不願意去游泳因為妝會掉，在男朋友面前我不敢素顏以對，工作面試也總是畏畏縮縮，原來皮膚的好壞，影響如此之大。

　　其實要謝謝當年那位當頭棒喝的髮型師，她介紹了我去

碧盈美學，從此也顛覆了我對肌膚保養的觀念與方式。原來每個人的肌膚需求都是獨一無二的，皮膚的呈現狀況會受環境、季節、作息、年齡、體質等因素影響。與其花大錢買市面上宣稱適用任何種膚質，昂貴卻效果不彰的產品，碧盈美學最大的不同點，是結合了中醫的天然草藥與西醫的生物科技而研發製成的全配方保養品，並運用「處方」式逐步調理來重建我的問題肌膚。擁有中醫與西醫雙專業背景的碧盈美學創辦人劉醫師，帶領了專業的皮膚諮詢師團隊，採用一對一專屬服務方式，以及天然植物性的客製化保養品照顧之下，讓我不用任何醫美雷射刺激皮膚的方式，陳年痘疤竟然在 3 個月內大幅改善。連惱人的泛紅過敏現象，也經由每週一次在碧盈美學溫和的做臉保養，搭配客製化專屬保養品的使用，還有最重要的程序之一：防曬，幾個月後我的皮膚漸漸恢復原生最細緻白皙的狀態，過去那個曾經滿臉痘疤又頂著厚厚濃妝的自己，從來不敢相信，竟然會有這麼一天我可以丟棄粉餅，素顏示人。

　　保養皮膚是女人一生最重要的事業之一。我在碧盈美學獨一無二的處方式保養管理下已邁入第 9 年，我依舊是多年前人人眼中的職場女強人，不同的是，我的皮膚不再是我弱點，不用化妝的我更加從容且自信，光澤透亮的皮膚，真的是女人最美的一件衣服。

邱茜如

AMÉLIA 珠寶藝術設計總監兼創辦人

# 所有人都喜歡
# 美麗的事物！

一個女人從頭到腳，第一先關注的就是臉部的美麗。一張姣好、乾淨、白皙的臉可以讓一個女人提高自信，增加魅力。不論在交友、工作甚至人際關係上都有很大的助益。碧盈美學集團 20 年來只專注在一張臉，我們堅信沒有一種保養品成分，比皮膚自己產生的更有效。因此眾多博士級研發員，婦產科、中醫科、皮膚科、整型外科的主任醫師群，大家的精力都專注在臉部皮膚的生理學、病理學和皮膚老化病變上。所有的研發也都投入在如何使用非藥物的保養品，不借助儀器和醫美藥物來改善臉部皮膚為青春煥發、光澤白皙的皮膚，真正回到當初媽媽給你的嬌嫩肌膚，達到不化妝就很美的素顏新境界，而在調理肌膚的過程中又非常的安全且簡單。所以 20 年來碧盈美學集團日益壯大，卻從沒有為了賺更多的錢去做別的項目，更沒有去做任何的營銷或廣告來拉攏客戶。

因為我們堅持專注在一張臉上，堅持只做安全有效的服務口碑。

碧盈美學將中醫的「君臣佐使」、「辨證論治」，及「天地人和」的概念融入獨創的處方式保養皮膚管理技術系統中。小自一個產品的設計研發，大到全臉部保養品的調配，都充滿了歷代中醫體系的精華。

在產品上，我們每一項產品的研發都是以中醫的君臣佐使的思維去設計和調配，採用中草藥和西方的植物精華，並以西方的尖端生物科技製程來製作生產；在技術上，我們獨創的處方式保養皮膚管理技術系統，乃是以中醫辨證論治和天地人和的臨床經驗，結合現代的通訊軟體，使我們可以照顧全世界每

一位客人的臉部皮膚狀況，無遠弗屆，讓客人的肌膚一輩子都有我們的專業照顧；在教育上，我們結合中醫美容的理論，西方皮膚醫學的基礎解剖、生理及病理研究，和全世界最新的醫美資訊，成為獨一無二的教育體系。藉由碧盈美學集團商學院平台，無論是線上直播教學，或是線下臨店案例討論，務求每一位碧盈的美業人員都是中西美容界的專業人才，並教育大眾最正確、最完善的醫學美容觀念；在服務上，碧盈的專業諮詢團隊隨時都在客戶身邊照顧呵護客人嬌嫩細緻的肌膚，不論是現場親自診視，或是通訊軟體視訊，藉由 1 年 48 次專業醫師團隊的免費皮膚諮詢，讓你的肌膚隨時都處在最佳的狀態。

在本書中，碧盈美學首度公開揭示碧盈的核心理念與技術，20 年來碧盈在做什麼？怎麼做？期盼能拋磚引玉帶給廣大的消費者和愛美人士、美業從業夥伴及醫美專業人員一個正確、正向的肌膚養護觀念和知識，為了美容行業的發揚壯大而一起努力！

碧盈美學集團執行長暨創始人
**劉興亞** 博士醫師

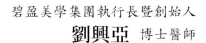

三軍總醫院資深主任醫師，擁有台灣西醫師及中醫師執照、中國中醫師執照，並取得南京中醫藥大學中醫學博士。專長針灸、中西醫整合調理內分泌新陳代謝、問題皮膚及抗老美白。

Part1

# 找到屬於自己，
# 獨一無二的保養方式

總是跟別人用一樣的東西，做一樣的努力，
卻得不到同樣的效果？
若這也是深植你心中的保養困擾，或許該換個方向思考，
你需要的東西及努力的目標，其實跟別人不一樣。

# 一個觀念與行為，就能改變肌膚狀態

在臨床多年，面對民眾的保養困擾，經常會聽到類似的話，「為什麼我們做一樣的保養，但是效果卻不一樣」、「為什麼我各種保養都認真做了，但效果還是不好」。如果這樣的話語也曾經出現在你心中，原因只有兩個，一是你的保養觀念不夠正確，二是你的保養方式不適合你。

**以下幾個狀況題，問問自己的答案是什麼？**

- 痘痘長出來的話，一定要擠掉？
- 想消除痘疤，只能靠醫學美容的技術？
- 長痘痘時，要保持肌膚清爽不能擦保養品？
- 毛孔變大後，就縮不回去了？
- 皮膚變黑後，就不可能白回來了？
- 色斑是身體因素造成的，擦保養品沒有效果？
- 祛斑的速度越快越好？
- 只要祛斑產品好，斑就不會再長出來？
- 只要做好保溼美白，就不需要防曬？
- 陰天下雨沒有太陽時，就不需要防曬了？
- 防曬產品一天擦一次就夠了？
- 臉乾的時候，可以一直使用噴霧水來補水？

以上的問題，只要你回答了一個「對」，小心，就有可能讓肌膚保養的效果不彰，因為保養觀念不對，保養做法也不會正確，保養效果永遠不會變好。

從現在開始，放下過去你對保養的種種觀念想法與做法，以一個全新的角度來面對肌膚保養課題。要讓肌膚重回年輕無瑕的

● 天天敷面膜，臉部肌膚就會越來越好？

● 抗老是老年人的事，與年輕人無關？

● 洗臉就要徹底清除皮脂油污，多洗幾次，用香皂洗臉是最好的？

● 乾性肌膚使用越油的保養品越好？

● 敏感性肌膚一定要用快速脫敏褪紅的產品？

● 眼周肌膚不需要用眼霜，擦臉部用的保養品就行？

● 別人用起來效果好的保養品，我用也一定好？

● 國際知名品牌的保養品一定適合我的肌膚？

● 價格越高，成分越名貴稀有的保養品，效果就一定越好？

● 自製的水果蔬菜保養品和面膜就是最天然無害的？

● 選擇保養品，只要看成分就夠了？

● 靠微整形和雷射等醫學美容就夠了，平時不需要保養皮膚？

狀態，面對肌膚困擾，絕對不能只看到問題、解決問題；要讓保養效果安全又有效，絕對不能跟著別人腳步使用保養品，更不能只追求快速的方法而忽略背後潛藏的危機。

　　一個觀念與行為的改變，就能改善肌膚狀態，保養能否有明顯效果，端看你是否能找到真正適合的保養方法並且實際行動。

# 美肌力測試

　　擁有完美的肌膚，離不開對護膚的正確認識與實踐，還有健康的生活習慣。因此，先讓我們來確認一下現在的你擁有多少讓肌膚變完美的能力吧！測試分為「清洗」、「保溼」、「紫外線」、「刺激」和「生活習慣」五大部分。請在符合自己情況的項目前打✓。然後清點各部分✓的數量，參照分數表，就能知道你擁有的變美潛力，即「美肌力」是多少。

### 清洗

☐ 早上不使用洗面乳

☐ 用熱水洗臉

☐ 每次洗臉要洗 3 次以上

☐ 會將毛孔污垢擠出來

☐ 洗完臉後，肌膚緊繃

☐ 使用洗面乳時不打太多泡

☐ 使用洗臉刷

☐ 清洗時會擠破粉刺

☐ 使用磨砂洗面乳洗臉

☐ 用毛巾使勁擦洗身體

☐ 使用擦拭型的清潔產品

☐ 每天使用沐浴乳或香皂全面清洗

☐ 每天使用沐浴乳或香皂細緻地清洗敏感部位

☐ 一邊清洗一邊按摩幾分鐘

## 保溼

☐ 只使用保溼化妝水

☐ 使用少量頂級面霜

☐ 脖子和前胸不塗抹化妝品

☐ 輕拍化妝水使其滲透

☐ 幾乎不使用身體乳

☐ 不會特意為房間加溼

☐ 敷面膜超過 30 分鐘

☐ 對臉部和身體使用噴霧

☐ 不補妝

☐ 泡完溫泉後不沖澡

☐ 夏天皮膚比較溼潤，所以對保溼有所疏忽

☐ 因為部分臉部肌膚出油，所以對整個臉部使用油性
　 皮膚用的化妝品

☐ 因為部分臉部肌膚出油，所以不塗抹乳液或面霜

☐ 手變乾燥後才塗抹護手霜

☐ 無法說出 3 種自己使用的保溼化妝品中含有的成分

**紫外線**

☐ 從 7 月開始使用防曬產品，用到 9 月左右

☐ 陰天不塗抹防曬產品

☐ 喜歡薄薄地塗一層防曬產品

☐ 手上不塗抹防曬產品

☐ 揉搓防曬產品，直至被皮膚吸收

☐ 穿完衣服後再塗防曬產品

☐ 使用的是蕾絲遮陽傘

☐ 不戴太陽眼鏡

☐ 在家時，不塗抹防曬產品

☐ 喜歡戴無邊帽

☐ 喜歡去沙灘曬日光浴

☐ 購買防曬產品時，不看 PA 值

☐ 去年用剩的防曬產品，今年仍打算使用

☐ 去附近購物或倒垃圾時，會用帽子遮蓋素顏

## 刺激

□ 塗腮紅時，刷子會反覆刷幾次

□ 喜歡將指甲軟皮去除至幾乎看不到

□ 會拔掉多餘的毛髮

□ 出汗較少時，不會擦掉，而是等其自然乾

□ 發癢時，會無意識地抓撓

□ 剃除多餘毛髮時，不塗抹潤膚霜

□ 有支撐手肘或膝蓋跪地的習慣

□ 有舔嘴唇或剝死皮的習慣

□ 經常穿緊身內衣

□ 有些衣服會讓皮膚發癢

□ 喜歡長時間泡熱水澡

□ 頭髮附在臉上時，偶爾會發癢

□ 擦粉餅時，會使用附帶的粉撲

□ 為了鍛鍊表情肌，會用做鬼臉的方式扯動面部

□ 冬天，會長時間使用電熱毯

## 生活習慣

□ 經常睡眠不足

□ 飲酒多

□ 不運動

□ 經常便祕

□ 一有壓力皮膚就會發癢

□ 經常起斑疹

□ 攝取的蔬菜不足

□ 不怎麼食用發酵食品

□ 抽菸

□ 體寒

□ 容易積累壓力

□ 小時候得過異位性皮膚炎

□ 經常處於開空調的環境中

□ 為了減肥，控制不吃肉

**0~10 個**
護膚高級者：擁有十足的「美肌力」。

**11~20 個**
護膚中級者：擁有一定的「美肌力」。

**21 個及以上**
護膚初級者：「美肌力」要加強喔！

# 認識皮膚基本類型

　　想認識你的皮膚，基本上可以從了解皮膚基本類型開始著手。

　　不同種族、不同個體的皮膚存在很大差異性，皮膚的分類方法也有很多種類型。目前大多是根據皮膚含水量、皮脂分泌狀況、皮膚 pH 值以及皮膚對外界刺激反應性的不同，將皮膚分為五種類型，其中四種是我們熟知的中性、乾性、油性、混合性，也就是下方這個圓形圖座標劃分的四個區域，並將第五種敏感性皮膚特別獨立出來。然而近年來，門診中敏感性皮膚的患者卻越來越多，而且發病人群偏向年輕化，其中最多的敏感性皮膚患者，經常是剛剛進入青春期的妙齡少女、剛剛走入工作崗位的上班族、很多事業有成的公司高管經理或董事長……，任何年紀與身分的人，都有可能是敏感性皮膚類型。

　　快來對號入座，找出你的皮膚類型，為肌膚保養做好知己知彼的準備工作。

■ **面部皮膚分型示意圖**

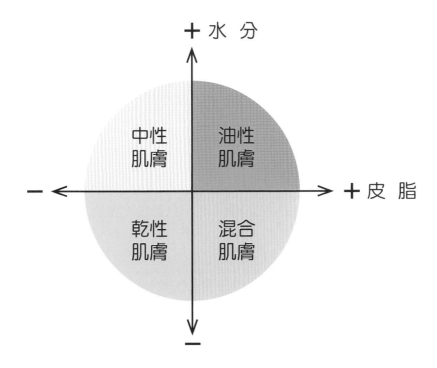

### 1. 中性皮膚

又稱完美型皮膚，位於圖示的左上方區域，順著箭頭所指，離中心點越遠，水分增加、皮脂減少，為理想的皮膚類型。中性皮膚角質層含水量為20%左右，pH為4.5～6.5，皮脂分泌量適中，皮膚表面光滑細嫩、不乾燥、不油膩、有彈性，對外界刺激適應性較強。如果你很幸運地是這類膚型，那麼恭喜你，只要適當細心地呵護，就可以擁有靚麗膚質；但如果保養方式不當，例如過度去除皮脂、皮膚含水量降低，就會導向乾性皮膚發展了。

### 2. 乾性皮膚

又稱乾燥型皮膚，也就是皮膚缺水類型，像一片荒蕪的沙漠，位於圖示的左下象限，角質層含水量低於10%，pH>6.5，皮脂分泌量少，皮膚乾燥、缺少油脂、毛孔不明顯，洗臉後有緊繃感，對外界刺激（如氣候、溫度變化、環境改變）敏感，易出現皮膚皸裂、脫屑和皺紋老化等表現。乾性皮膚既與先天性因素有關，也與經常風吹日曬、過度使用過酸性洗面乳有關。這類皮膚特別要注意保溼，稍微保養不當就容易轉為敏感型皮膚。

### 3. 油性皮膚

又稱多脂型皮膚，號稱「油田」，這類皮膚多脂多油，常見於年輕人或肥胖者，且有遺傳因素影響，位於圖示的右上象限。油性皮膚角質層含水量為20%左右，pH<4.5，皮脂分泌旺盛，皮膚外觀油膩發亮、毛孔粗大，易黏附灰塵，膚色往往較深，但皮膚彈性好，角質層厚不易起皺，對外界刺激一般較不敏感。油性皮膚多與雄激素分泌旺盛、偏食高脂食物及香濃調味飲品有關，易患痤瘡、脂溢性皮炎等皮膚病。然而從長遠角度來看，偏油、偏黑的皮膚反倒不易老化，讀者可以在老朋友聚會、校友聚會中感受到這種差異性，例如小時候被眾人嘲笑的「大油田」，現在皮膚依然保養得很好，看上去比同齡人年輕得多。

## 4. 混合性皮膚

　　從圖示區域劃分來看，混合性皮膚是乾性及油性混合存在的一種皮膚類型，皮膚表現多為臉部中央部位（前額、鼻部、鼻唇溝及下顎部）呈油性，而雙臉頰、雙顴部等表現為中性或乾性皮膚。軀幹皮膚和毛髮性狀一般來說與臉部皮膚類型一致，油性皮膚者毛髮亦多油光亮，乾性皮膚者毛髮亦顯乾燥。混合性皮膚需要更細心打理，祕訣就是分區保養，臉頰部應以鎖水保溼為主，T字區應以控油為主。值得注意的是，很多人每次洗臉時都在臉部中央和臉頰部位傾盡洪荒之力「用力刷洗」，對鼻頭上的小黑點窮追不捨，以致很快就損傷了皮膚的屏障，並波及整個臉部皮膚。

## 5. 敏感性皮膚

　　常見兩種原因，一種是過敏體質者，本身有遺傳過敏背景，這樣的人整體皮膚易發生過敏，甚至還伴有溼疹、過敏性鼻炎和哮喘等；第二種是人為造成的皮膚損傷，特別是潔面過度者，總覺得自己的臉部整天曝露於空污環境和接觸多種護膚品，一定要徹底洗乾淨才行。於是乎，強效洗面乳、磨砂膏、去死皮潔面乳，甚至類似電動牙刷的洗臉神器紛紛成了臉部清潔的「有力武器」，結果不言而喻，因為破壞了皮膚的磚牆結構，面對外界刺激的反應性極強，對風吹日曬、室內溫度變化，以及原來可以使用的溫和化妝品等均較敏感，臉部也容易出現紅熱感，皮膚既紅又薄又亮、伴有刺痛灼熱和搔癢等現象。

*每個人的肌膚需求，*
*都是獨一無二的。*

想要皮膚好，
不是改變春夏秋冬，
不是改變地域環境，
最需要改變的是你的保養觀念。

懂得保護自己的皮膚，
是你最重要的開始。

# 因為這些原因，
# 我們的保養需求不一樣

　　基本上，每個人天生的肌膚都是細緻膨潤的，看看健康嬰孩的肌膚就知道，細緻的膚質紋理，飽滿的彈性光澤，肌膚新陳代謝好，皮膚油水平衡穩定，體內膠原蛋白、彈性纖維含量豐富，這就是肌膚最原始的完美狀態。然而，因為先天人種、性別的不同，加上後天環境、習慣、季節、飲食等影響，隨著年紀漸長，每個人的肌膚也開始出現差異性。

## 男女膚質，天生不相同

　　想要擁有淨、亮、透、細、潤、飽、緊的完美膚質，千萬別貪圖方便或省錢，跟男友老公共用一套保養品了！雖然剛出生時，男寶寶跟女寶寶的膚質都一樣膨潤飽滿，但隨著青春期荷爾蒙的啟動，男女生的膚質也開始展現出天生的差異。

　　首先男生的臉皮比女生厚，表皮層約厚 20%，油脂分泌也比女生多出 1.5 ～ 2 倍，水分流失相對比較快，導致肌膚油水不平衡，容易長痘痘、毛孔粗大，皮膚也比較粗糙。因此男生的保養多以清潔、控油、去角質為主；而女生的保養則多以保溼、滋潤、鎖水、撫平紋路為主。保養需求不同，如果長期共用保養品，反而會導致肌膚狀況更糟糕。

# 年輕態、健康態的肌膚表現

應該沒有人會反對，健康嬰兒的肌膚是最漂亮的狀態，嬰幼兒的肌膚有什麼特色，基本上可以用七個字來形容：淨、亮、透、細、潤、飽、緊。

## 淨

是水油平衡，光滑潔淨的肌膚；

## 亮

是有亮澤感，甚至可以反光的肌膚；

## 透

是乾淨通透，白皙沒有斑點的肌膚；

## 細

是毛細孔微小到看不見的細緻肌膚；

## 潤

是柔潤綿滑的肌膚；

## 飽

是豐潤飽滿沒有衰老的肌膚；

## 緊

是沒有鬆弛，緊緻有彈性的肌膚。

這些肌膚狀態，基本上在初生嬰兒、孩童的臉上都看得到，是年輕態、健康態肌膚的最佳表現，也是碧盈美學傾力想為你打造的美肌境界。

# 同樣是女性，歐美人與華人的膚質不一樣

你可能有過這樣的經驗，明明已經奔三的年紀，到歐美國家旅遊卻常被誤會還未成年，會有這種美麗的誤會，完全是拜東西方女性天生膚質不同所賜。

從皮膚結構上來說，華人女性的角質層薄、真皮層厚，代表我們的肌膚雖容易受化學物質刺激而產生過敏，但擁有較多的膠原蛋白、彈性纖維，皮膚也比較緊緻，不易老化長皺紋；而西方女性的皮膚結構則剛好相反，皮膚耐受性強，所以就算年紀輕輕開始嘗試各式保養化妝，皮膚也少有抗議，但是真皮層膠原蛋白較少，又不注重防曬導致膠原蛋白容易斷裂，無形中加快了肌膚鬆垮的速度，提早老化。

另一個讓西方女性肌膚容易顯老的原因，是因為她們皮下脂肪層較薄，隨著年紀漸長脂肪漸漸流失，年輕時圓潤飽滿的雙頰及眼周肌膚，沒了脂肪的支撐，於是開始凹陷內縮，老化現象較東方女性出現得更快、更明顯。

此外，白皙膚色的女性向來聞之色變的黑色素，也是決定老化的重要關鍵。西方女性體內黑素細胞較少，天生肌膚偏白皙，但少了能夠阻隔紫外線傷害的黑色素，就等於少了抵擋肌膚老化第一殺手的能力，再加上喜歡日光浴，西方女性的肌膚自然老化得快，也容易出現斑點及皺紋現象。

# 生活壞習慣讓你漂亮不起來

別小看日常生活的習慣，它決定了整個人的質感，就算天生麗質，一個壞習慣就會讓你容顏崩壞，加速老化。沒有運動習慣，血液循環好不起來；有熬夜的習慣，氣色紅潤不起來；有抽菸喝酒的習慣，不僅讓身體代謝遲滯，還會累積毒素廢物在體內，久而久之與美麗漸行漸遠。

# 工作類型也會影響肌膚狀況

就算你跟姊妹淘的年紀相仿，膚質相近，但還是會有「怎麼她用起來不錯的保養品，我用就不怎麼樣」的狀況出現，因為妳可能忽略一件事，工作性質不同所需要的保養也不一樣。

今天你是在外東奔西跑的業務、在烈日下揮汗的工地工人，跟整天在冷氣房裡坐辦公桌的人比起來，保養重點當然不一樣。甚至，在辦公室裡的座位是靠窗邊還是靠冷氣口，保養重點也不同。更不用說，如果你的工作需要日夜輪班，需要熬夜完成，要照顧的層面就更多了。

肌膚保養，就是要講究到這麼多細節，分析到這麼多層面，才能找到最適合自己的保養品，絕對不只是看成分或者選品牌的問題而已。

保養觀念對了，
保養行為才會對，
保養效果才能長久。

# 吃的不同，肌膚狀態也不同

食物不僅提供人類維持生命的能量，也能在不知不覺中影響我們的健康，從德國哲學家費爾巴哈的名言——人如其食（You are what you eat）來看，飲食對膚質有絕對的影響力。想要吃出健康有活力的好肌膚，每天攝取均衡且充足的各類食物，加強抗氧化維生素的攝取，例如天然蔬菜及水果，再加上每天喝足至少1500c.c.的水，幫助新陳代謝順暢，肌膚就有抵抗老化的基本能力。

趨吉避凶的道理，運用在飲食保養也一樣。

容易刺激皮膚油脂分泌的東西不吃，例如油炸、辛辣食物；會增加肌膚負擔的食物不吃，例如加糖飲料、酒精、咖啡因飲料；可能讓肌膚反黑的感光類食物不宜大量吃、也不要吃完後立刻長時間曬太陽，例如檸檬、葡萄柚、胡蘿蔔、芹菜、香菜、韭菜等。

## 常見感光食物，看這裡

| 水果類 | 檸檬、萊姆、橘子、無花果、木瓜、芒果、柚子、葡萄柚…… |
|---|---|
| 蔬菜類 | 胡蘿蔔、芹菜、萵苣、馬鈴薯、香菜、莧菜、油菜、田螺、菠菜、九層塔、韭菜、紅豆、歐洲防風草…… |

## 抗糖＝抗老化

「抗糖」是特別值得提倡的飲食觀念，因為抗糖＝抗老化。飲食中攝取過量的糖分，新陳代謝過慢，會引起糖化反應，導致過多的糖分附著在膠原蛋白上，使膠原蛋白斷裂紊亂，於是肌膚便會出現皺紋、粗糙、斑點等種種問題。糖化反應與年齡、膚質都沒有關係，是任何人都會面臨的問題，糖化是肌膚老化的重要原因，「抗糖」刻不容緩。

保護比保養更重要

# 睡得好不好，肌膚會說話

好的睡眠不在時間長，而在睡對時間、睡對環境。

以醫師的輪值排班來說，醫師的排班採兩班制，早上八點到晚上八點，以及晚上八點到早上八點。早上值班可以在晚上八點下班時，只需睡飽六個小時就感覺精神充足；但如果碰到晚上值班到早上八點才下班，扣除下班後吃個東西、洗個澡的時間，就算從早上十點開始睡，也要睡到晚上七點才會醒來，即使睡了超過八小時還是覺得累。

睡眠的時間點很重要，中醫提出順應十二時辰調養五臟六腑的養生理論，強調只要順天應時，依照不同時辰，對應不同經脈，做好調息，就能養好體質，而這也是美容覺的由來。

晚上 11 點到凌晨 1 點、凌晨 1 點到 3 點，正值膽經、肝經當值，肝膽是排毒最重要的器官，這時間若能調養休息，身體便能進行修護，做好細胞修補及代謝排毒工作。看看台灣經營之神台塑王永慶養生的長壽之道，每天晚上 9 點以前入睡，凌晨 3 點就起床做毛巾操，最重要的排毒代謝時間都在好好睡覺，也能在大腸經當值的時候好好地吃早餐，幫助腸道甦醒，排便順暢，長期如此作息，身體自然健康，氣色自然紅潤。

所以想要睡出漂亮的肌膚，晚上 11 點前就入睡吧！如果真的很忙需要熬夜，也一定要在凌晨 1 點前上床睡覺，膽經排毒時間無法休息，至少第二階段肝經排毒要好好休息。

至於輪值大夜班、一定得在晚上工作的人，入睡時請拉上窗簾，為自己營造一個黑暗、寧靜、舒適的睡眠環境，沒有光害的環境可以促使體內褪黑激素分泌，進而啟動細胞修復能力。

# 天人合一 vs. 人定勝天

當身體疲累的時候，讓自己最快恢復精神體力的，不是各種提神方法，而是好好睡個覺。

這個道理很簡單，就像開車在高速公路上突然發現快沒油了，不知道加油站在哪，不知道下個出口還要多久，這時你會怎麼做？如果你選擇猛踩油門加速前進，就像是身體累了但卻用咖啡來讓自己更嗨，用激進的方式來矯正身體疲累的機制，只會讓身體加速耗盡最後的能量。選擇關掉冷氣，輕踩油門，能滑行就盡量滑行的方式，才是延續車子前進時間的最佳方式。

從中醫的概念來看，這就是天人合一的道理。人是大自然的產物，人體這個小系統是依存在地球宇宙這個大系統之中，兩者互有關聯。順應自然萬物的步調，不抵抗、不掙扎，試著與現下狀況共存共處，累了就睡覺休息，沒油了就輕踩油門慢慢行駛，肌膚保養的做法也是一樣，順應宇宙自然的步調走，肌膚自然回復到最好的狀態。

人生哲理有句話是「人定勝天」，西醫的醫療概念走的就是人定勝天的想法，所以當西醫面對疾病問題，會採用各種治療方式來消滅、切除病灶，例如抗生素殺細菌、化學藥物、放射線殺腫瘤細胞。然而面對皮膚保養、身體保養，中醫強調的是「天人合一」的想法，以順應自然、和平共存的方式，自然地回到最健康的狀態。

# 中醫 12 時辰養生法

人體有 12 對經脈、15 對絡脈,經絡是氣血運行的通道,每條經絡會在特定時辰內運行,屬於這時辰的經絡氣血旺盛。

《黃帝內經》中提出「12 時辰經絡養生法」,將一天分為 12 時辰,每個時辰都有不同的臟腑「值班」,若能順應經絡氣血運行旺盛的時辰休養生息,就能達到最佳養生效果。

中醫認為順應天地自然的規律去生活,人體就不容易生病,這個理論跟現代科學所講的「生理時鐘」類似。忙碌的現代人,不妨參考 12 經絡氣血運行規則,來進行養生。

| 時辰 | 旺盛經絡 | 養生重點 |
|---|---|---|
| 子時<br>晚上 11 時至清晨 1 時 | 足少陽膽經 | 是代謝身體廢物、修復受損組織的最佳時間，準備入睡，不要熬夜。 |
| 丑時<br>清晨 1 時至清晨 3 時 | 足厥陰肝經 | 這段時間保持熟睡，有利肝臟排毒，補充氣血能量。 |
| 寅時<br>清晨 3 時至清晨 5 時 | 手太陰肺經 | 這段時間熟睡，氣血灌注肺腑，可以臉色紅潤、精氣充足。 |
| 卯時<br>清晨 5 時至早上 7 時 | 手陽明大腸經 | 這段時間走到大腸經，醒來喝一杯溫開水，是排便的好時機。 |
| 辰時<br>上午 7 時至上午 9 時 | 足陽明胃經 | 這時間吃早餐最容易消化吸收，是將營養輸送到各器官的好時機。 |
| 巳時<br>上午 9 時至上午 11 時 | 足太陰脾經 | 此時脾經活躍，喝個水、有助營養吸收。 |
| 午時<br>上午 11 時至下午 1 時 | 手少陰心經 | 此時心經最旺，午休時間小睡片刻，有助養好心氣。 |
| 未時<br>下午 1 時至下午 3 時 | 手太陽小腸經 | 氣血走到小腸經，中午吃得好，營養也會在此時吸收。 |
| 申時<br>下午 3 時至下午 5 時 | 足太陽膀胱經 | 此時多補充水分，有助膀胱排除體內廢物，促進泌尿系統代謝。 |
| 酉時<br>下午 5 時至晚上 7 時 | 足少陰腎經 | 補腎好時機，此時多休息，如要調理身體，也最適合進補。 |
| 戌時<br>晚上 7 時至晚上 9 時 | 手厥陰心包經 | 這段時間保持心情愉快，看書、聽音樂，消除壓力心臟少負擔。 |
| 亥時<br>晚上 9 時到晚上 11 時 | 手少陽三焦經 | 「三焦」掌管人體水分代謝，建議睡前泡個腳，有助於三焦精氣順暢。 |

# 每個人都有屬於自己，最適合
# 的保養方式

　　世界上沒有一個保養產品，能夠適合任何人使用，因為每個人的膚質先天不同，後天環境與生活習慣也不同，這些種種差異造就了不一樣的肌膚狀況，怎麼能期待別人使用的保養品也能剛好適合你呢？就算是雙胞胎姐妹，保養方式也是完全不同的。

　　每個人的膚質狀況與保養需求都是獨一無二的，但可以相信的是，這世上絕對有最適合你的保養方式與保養產品，契合得就像量身訂做一樣。

# 皮膚生理學堂，劉博士開講

皮膚是人體最大器官，具有複雜而精密的功能，只有了解它的具體結構和功能，才能有效地呵護它！

## 表皮——皮膚的第一層，新生的泉源

成年人的皮膚面積平均約為 $1.6m^2$，總重量約占體重的 16%。皮膚的厚度隨年齡以及部位不同而異，不包括皮下組織，通常約 0.5 ～ 4mm。在眼瞼、外陰、乳房處的皮膚最薄，厚度約為 0.5mm，因此這些部位的皮膚非常脆弱，也非常敏感；而在腳掌部位的皮膚相對較厚，可達 3 ～ 4mm，因為這些部位擔負著繁重的任務，常常需耐受磨擦。

皮膚的這個「最大」器官可不是白當的，如果你認為它只是一層薄皮、無足輕重，那你就大錯特錯了。其實，皮膚不是僅有裝飾作用的外衣，更是具有複雜而精密功能的盔甲，將我們的身體嚴嚴實實地保護起來，和外界環境分隔開，承擔著保護機體內環境穩態和抵禦外界有害因素侵襲的功能。

組織學上，皮膚由外而內分為表皮層、真皮層和皮下組織層三部分，附有從表皮衍生的毛髮、皮脂腺、汗腺和指（趾）甲等附屬器，其間分布著豐富的神經、血管、淋巴管和肌肉。皮膚的每層結構都承擔著不同的使命，它們共同維繫著一個健康的皮膚環境。表皮的生命活動在皮膚屏障的形成中起關鍵作用，而真皮和皮下組織對維持皮膚的豐盈和彈性有著舉足輕重的作用，神經血管等則起到連接體內體外、調節內外物質的流通以及接受和傳遞與其他生物之間信號的作用。只有了解皮膚具體的結構和功能，才能有效地呵護它，幫助我們在出現各種皮膚問題時制定更有效的解決方案。

■ 皮膚的組織學結構

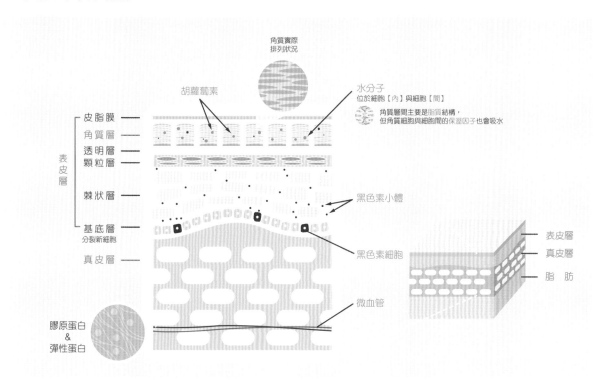

角質實際
排列狀況

胡蘿蔔素

水分子
位於細胞【內】與細胞【間】

角質層間主要是脂質結構，
但角質細胞與細胞間的保濕因子也會吸水

皮脂膜
角質層
透明層
顆粒層
棘狀層
基底層
分裂新細胞
真皮層

表皮層

膠原蛋白
&
彈性蛋白

黑色素小體

黑色素細胞

微血管

表皮層
真皮層
脂 肪

■ 皮膚的各層結構及作用

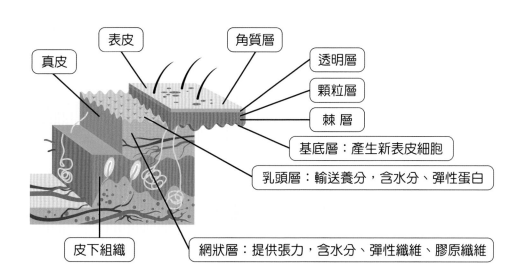

真皮　　表皮　　角質層

透明層

顆粒層

棘 層

基底層：產生新表皮細胞

乳頭層：輸送養分，含水分、彈性蛋白

皮下組織

網狀層：提供張力，含水分、彈性纖維、膠原纖維

　　表皮是皮膚的最外層，主要由角質形成細胞、黑素細胞、朗格漢斯細胞等構成。角質形成細胞是表皮的主要細胞，占表皮細胞的 80% 以上，由內到外又可分為五層：基底層、棘層、顆粒層、透明層、角質層。其中尤以基底層和角質層最為特殊，前者也稱為生發層。外用化妝品後，其有效成分可溶解於角質層，形成儲庫，發揮作用。角質層還與其表面的皮脂構成皮脂膜體，後者在維持皮膚屏障功能中的作用可謂是衝鋒在前的「防衛兵」。

## 基底層——皮膚發源地

　　基底層細胞可以不斷新生，如蜂王繁殖後代般可以不斷分裂產生新的細胞，這些細胞逐漸分化成熟並向上推移，最後到達角質層，當一個角質細胞脫落後，便結束了一個完整的新陳代謝過程，成人週期約為 28 天。在遷移分化過程中細胞內逐漸形成具有保護作用的角蛋白，角蛋白是皮膚屏障最外層、指甲、毛髮的結構成分，主要功能是維持上皮組織的完整性及連續性。也就是說，一個角質形成細胞從下到上層層遷徙，肩負著護衛、搬運的職責，低調又偉大地結束了它短短 28 天的生命。而每天都有不計其數的角質形成細胞在進行這個過程！一個蜂巢會因為蜂王的死亡而衰敗，同樣的，如果表皮基底層破壞過多、過強，那麼表皮就難以通過分裂增殖產生新細胞來進行自身修復，皮膚結構的完整性就會受到破壞，功能自然受到影響，就連我們的毛髮、指甲等都難以倖免。

■ 角質形成細胞型態結構

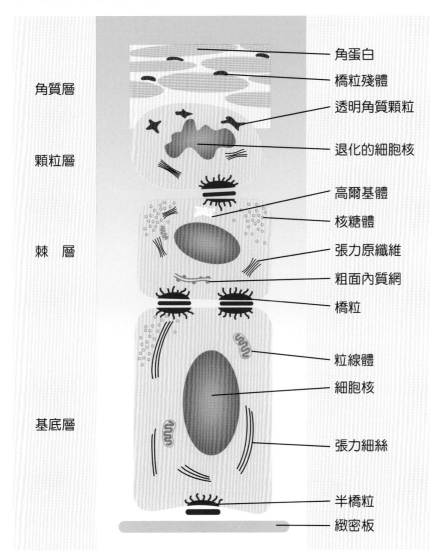

角質層　角蛋白
　　　　橋粒殘體
　　　　透明角質顆粒
顆粒層　退化的細胞核

棘　層　高爾基體
　　　　核糖體
　　　　張力原纖維
　　　　粗面內質網
　　　　橋粒

基底層　粒線體
　　　　細胞核
　　　　張力細絲

　　　　半橋粒
　　　　緻密板

# 角質層——化做春泥更護花

角質層是皮膚的最表層，實際上是由 15 ～ 20 層沒有細胞核的死亡角質形成細胞組成。當這些細胞脫落時，位於基底層的細胞又會被逐漸推移上來，形成新的角質層。因此，猶如長江後浪推前浪，角質層是一個不斷更新替代的結構層。

雖然角質層的細胞「屍體」已失去了活力，但其內卻含有豐富的角蛋白，對酸、鹼、磨擦等因素有較強的抵抗力，是防止外界物質進入人體和體內水分丟失的主要屏障。為了使角質層保持一定的張力和彈性，角質層細胞內的角蛋白可與相應的水分水合，使皮膚保持溼潤，有一定的順應性，進而維持皮膚屏障功能。可想而知，如果沒有角質層，我們的皮膚水分蒸發會變得非常快，人體每天將會喪失大量的水分，如燒傷患者。

## 位於角質層的三大保溼要素

角質層是表皮最外層的部分。負責皮膚保溼功能的三大要素，即「皮脂膜」、「天然保溼因子」（NMF）和「細胞間脂質」都在這裡。它們在角質層中鎖水功能的比例，皮脂膜占 2% ～ 3%，天然保溼因子（NMF）占 17% ～ 18%，細胞間脂質占 80%。也就是說，細胞間脂質才是主角。它的主要成分是神經醯胺，占整體的 50%。細胞間脂質是自身的角質細胞製造出來的脂質，在角質層中包圍水分的同時，讓細胞相互間連接得更為緊密。異位性皮炎患者的神經醯胺量只有正常人的三分之一，因此，皮膚經常處於容易乾燥的狀態。也就是說，讓神經醯胺等保溼成分滲入角質層，有助於增強肌膚的鎖水能力，讓肌膚保持滋潤。

## 「肌膚屏障強度」關鍵在於角質層的健康

健康的皮膚可以抵禦污垢、花粉等外部刺激。賦予肌膚這層屏障的是角質層。如果角質層的狀態良好，那麼肌膚的屏障功能就會變強，反之則變弱。比如，揉搓皮膚會讓細胞間脂質（神經醯胺等）流失，導致肌膚的屏障功能顯著變弱。細胞間脂質一旦流失，需要很久才能恢復，肌膚屏障就會一直處於薄弱的狀態，皮膚可能會對平常沒有影響的刺激源產生反應，引發炎症。為了維護肌膚屏障，讓角質層保持健康狀態的護理至關重要。

## 去角質，好嗎？

現代人因接觸的外在環境條件變差，飲食不均衡、生活作息不規律，常會擾亂皮膚的新陳代謝，此外，老化的皮膚表皮新陳代謝也會減慢，使得角質細胞無法自然脫落，堆積在表面，導致皮膚粗糙、黯沉。有了這一層厚厚的阻隔，平時護膚品營養的吸收，也會大打折扣，因此便有「去角質」一說。

當角質層細胞過厚，影響到皮膚的外觀和正常的吸收功能時，可以使用溫和的角質剝脫劑促進老化角質層中細胞間的鍵合力減弱，加速細胞更新速度和促進死亡細胞脫離，進而改善皮膚狀態，使皮膚表面光滑，重煥皮膚的活力，具有除皺、抗衰老的作用。

化妝品成分中常用的角質剝脫劑 $\alpha$-羥基酸（alpha hydroxy acids, AHA）和 $\beta$-基酸（beta hydroxy acids, BHA），$\alpha$-羥基酸包括羥基乙酸、乳酸、檸檬酸、蘋果酸、苯乙醇酸和酒石酸等，多數存在於水果（檸檬、蘋果、葡萄等）中，俗稱為果酸。高濃度 AHAs 可用於表皮的化學剝脫，而低濃度 AHAs 能使活性表皮增厚，同時能降低表皮角化細胞的粘連性和增加真皮黏多醣、透明質酸的含量，使膠原形成增加，在降低皮膚皺紋的同時增加皮膚的光滑性和堅韌度，從而改善光老化引起的皮膚衰老的表現。

但是，凡事過猶不及，如果角質層過薄，皮膚的免疫力降低，便難以抵禦外界刺激。如今的化妝品市場，無良商家為了追求效益，在其中添加大量激素和重金屬成分，使用這些產品，短期內也許會有「立竿見影」的效果，但時間一長，角質層遭受破壞，越來越薄，最後皮膚變得敏感，輕微的刺激如紫外線、花粉、粉塵等都會造成皮膚過敏，也容易出現紅血絲，嚴重的會造成激素依賴性皮炎。

---

**關於角質層**

\* **角質層是一個不斷更新替代的結構層**

\* **角質層含有豐富的角蛋白，是皮膚的主要屏障**

\* **過度去角質，會使皮膚變得敏感，難以抵禦外界刺激**

---

## 黑素細胞與黑素顆粒——三色人種的差異

其實，從我們出生的那一刻起，皮膚的基本「色號」已經被基因決定了。有人天生如白雪公主，有人天生較黑，而大多數人則是兩者之間——黃。可是偏偏我們的黃皮膚更容易被曬黑，甚至曬出各種「色斑」。這到底是為什麼呢？

這就要從製造「顏料」的工廠——約占皮膚基底層 10% 的黑素細胞說起。那麼，是不是黑素細胞越多，膚色就越黑呢？錯！其實，人體內黑素細胞的數量與部位、年齡有關，而與膚色、人種、性別等無關。也就是說差不多年紀的黑人和白人，當然還有我們「小黃人」，其實大家體內黑素細胞的數量沒有多大差別。

那為什麼還會產生這麼多豐富的「色號」呢？

因為決定你的膚色的，是黑素細胞的產物「黑素顆粒」。它們的大小和它們在黑素細胞與角質形成細胞內儲存的多少，決定了你的膚色在色譜中的位置。每一個黑素細胞借助樹枝狀突起可與周圍 10 ～ 36 個角質形成細胞接觸，向它們輸送黑素顆粒，形成一個表皮黑素單元。

沒有一個保養品成分，
會比皮膚自己產生的更有效。

## 黑素細胞和黑色素的功能

　　黑色素具有決定膚色、阻止有害的紫外線傷害細胞的作用。它是由位於基底層（表皮最下面的一層）的黑素細胞生成的。生成的黑色素儲存在黑素細胞中，到達一定的量之後，就會通過黑素細胞的突起被送往周邊的表皮細胞。隨著新陳代謝（表皮細胞的代謝），黑色素被推往皮膚表面，最後同污垢一起剝落。

　　黑色素包括黑色的真黑素和黃色的褐黑素，這兩種黑色素的比例決定人的膚色。另外，受強紫外線以及激素等的影響，黑素細胞會變得活躍，不停地製造黑色素，過剩的黑色素沉積下來後，就形成了色斑。

## 表皮黑素

　　像其他細胞的生命活動一樣，黑素細胞合成黑色素的過程繁雜，需要一系列酶的參與，其中一個最關鍵的酶是酪氨酸酶。有了酪氨酸酶的參與，黑素細胞才能源源不斷地向角質層生產和輸送黑素顆粒，並最終完成給皮膚「上色」的工作。酪氨酸酶受到紫外線的刺激就會活力增強，加倍努力幹活，使得黑素細胞合成黑色素的過程被加快了，一旦代謝的速度跟不上，皮膚也就會變得更黑了。黑色素沉著受多種因素的調節，包括遺傳、紫外線、性激素、炎症等。

　　膚色較深的人在皮膚發生損傷或炎症時比膚色淺的人更易留下色素沉著。有些膚色深的愛美之人在進行皮膚美容創傷性治療過後，也極有可能留下色素沉著，所以愛美的女性一定要選擇正規的醫療機構進行皮膚醫療美容。如果皮膚不小心留下了明顯的色素沉著，可以在醫師的指導下使用一些具有美白功效、幫助減退色素的藥物。

■ 炎症後色素沉著

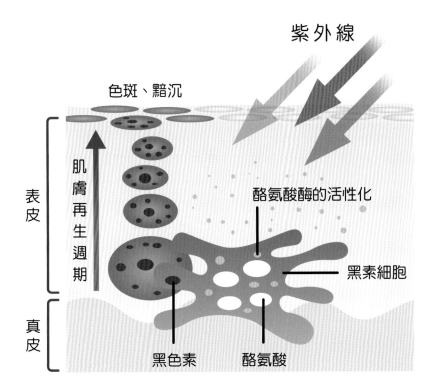

紫外線

色斑、黯沉

表皮

肌膚再生週期

酪氨酸酶的活性化

黑素細胞

真皮

黑色素　　酪氨酸

■ 不同種族的皮膚解剖圖

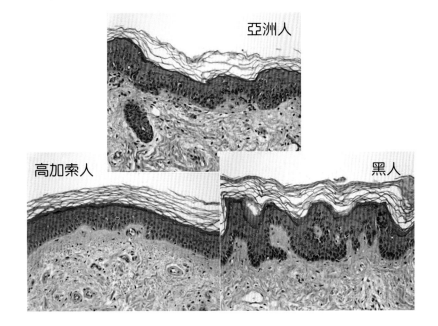

亞洲人

高加索人

黑人

美麗追求的前提，
回到皮膚健康的自然美。

### 為什麼會色素沉著？

目前，市場上的美白化妝品很多，其中最主要的是作用於黑素細胞，尤其是通過抑制酪胺酸酶而發揮作用的產品。在現有的產品中，如氫醌、麴酸（kojic acid）、桑葚提取物、熊果素均是通過抑制酪氨酸酶達到美白效果。近年來，也有科研團隊對表皮生長因子（EGF）進行了研究，證實 EGF 用於接受激光治療後的豚鼠，能加快皮膚創面癒合，而且皮膚黑色素含量也隨之降低。機制可能與其創傷癒合時間縮短、減少了炎症刺激時間，從而減少了黑色素生成有關。因此，我們在激光治療或者小面積的局部皮膚炎症、創傷後使用 EGF 凝膠或者乳膏，可以促進傷口恢復，同時減少炎症後色素沉著。

### 膚色深，更容易被曬黑？

很多人都不知道，膚色深的人，其實反而更容易被曬黑。三種人膚色加深變黑的程度是：黑人最快，白人最慢，我們亞洲黃種人介於其間。

這是因為膚色深的人，酪氨酸酶的活性本來就高，產生黑色素顆粒的能力本身就強，因此在遭受外界刺激後，黑得也更快，還更不容易復原。只不過因為膚色本來就深的原因，這種程度的變黑不太容易被發覺。

其實，膚色黑也有黑的好處。黑素顆粒有皮膚「衛兵」的作用，可以吸收紫外線的「負」能量，並將其轉化為「無害成分」，所以深色的皮膚（擁有更多的「衛兵」）抵抗紫外線傷害的能力就會比膚色淺的人要強。因為黑色素也是影響皮膚對曬傷反應的關鍵因素，事實上來看，膚色深的人，相對也更耐老一些。

> 將肌膚底子調養好了，
> 肌膚問題自然迎刃而解。
> 就像中醫調養，
> 健康的身體自然不容易生病。

你再看看人家印巴人，20 歲與 50 歲的皮膚外觀也沒有多大變化吧！可中國、日本、韓國等亞洲的淺色人種，20 歲時皮膚白嫩細膩，50 歲時已皺紋鬆弛。

說到這裡，你一定要問了，為什麼皮膚黑的人經得住老呢？

對於黑色素，我們常常只知道它是決定我們膚色的重要因素，殊不知，它對人體的作用是無可替代的，它能遮擋和反射紫外線，防止陽光對人體皮膚輻射導致的細胞染色體受損，也可以保護真皮和皮下組織。黑色素可通過吸收和散射紫外線（UV）輻射減弱其穿透性和影響，可以清除氧自由基，而後者會導致細胞內 DNA 損傷和皮膚修復能力的破壞，甚至可以引起皮膚癌。

皮膚分型的決定因素是個體未曝光區域對紫外線照射的反應性，即產生紅斑或是色素。Fitzpatrick 將人類皮膚分為Ⅵ型：Ⅰ型，總是灼傷，從不曬黑；Ⅱ型，總是灼傷，有時曬黑；Ⅲ型，有時灼傷，有時曬黑；Ⅳ型，很少灼傷，經常曬黑；Ⅴ型，從不灼傷，經常曬黑；Ⅵ型，從不灼傷，總是曬黑。皮膚的白皙程度與皮膚內的黑色素有關，一般認為歐美人皮膚基底層黑色素含量少，皮膚屬於Ⅰ、Ⅱ型；東南亞黃皮膚人為Ⅲ、Ⅳ型，皮膚基底層黑色素含量中等；非洲棕黑色皮膚為Ⅴ、Ⅵ型，皮膚基底層黑色素含量很高。

隨著皮膚類型的增加，皮膚對抗紫外線的能力增強。曾有研究者定量了黑種人（皮膚類型Ⅵ）和白種人（皮膚類型Ⅰ、Ⅱ、Ⅲ）表皮紫外線的傳遞，到達白種人真皮的紫外線量是黑種人的 5 倍。黑種人的黑色素小體數量多，顏色黑，能吸收和散射更多的能量，並具有更強的光防護能力。說白了，就是皮膚越黑越厚的人，對抗紫外線的能力更強，更耐老。而白色人種更容易曬傷，更容易較早出現曬斑、皺紋等光老化表現，且皮膚癌的發生率也遠高於黑色人種！

　　從這個角度說，上帝是公平的，最能說明這點的是，在白人中皮膚癌的發病率是黑人的 10 倍以上。據新聞報導，美國前總統曾因背部扁平皮膚病變經切片檢查，確診為基底細胞癌。這種皮膚癌就是多見於白色人種，少見於有色人種。其特點是發展緩慢，呈浸潤性生長，但很少有血行或淋巴道轉移，惡性程度較低。因此，術後還是恢復得不錯的。

　　綜上所述，深色皮膚要比淺色皮膚更能抵禦紫外線的長期破壞作用，例如光老化光致癌作用，換言之，黑人比白人經曬、經老。

## Fitzpatrick 日光反應性皮膚類型

| 皮膚類型 | 日曬紅斑 | 日曬黑化 | 未曝光區膚色 | 人種 |
|---|---|---|---|---|
| I | 極易發生 | 從不發生 | 白色 | 北歐人 |
| II | 容易發生 | 輕微曬黑 | 白色 | 高加索人 |
| III | 有時發生 | 有些曬黑 | 淺棕色 | 亞洲人 |
| IV | 很少發生 | 中度曬黑 | 中度棕色 | 東南亞人 |
| V | 罕見發生 | 呈深棕色 | 深褐色 | 非洲人 |
| VI | 從不發生 | 呈黑色 | 黑色 | 黑人 |

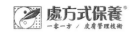

## 朗格漢斯細胞——皮膚中的「防衛兵」

　　朗格漢斯細胞（Langerhans cell）是皮膚內的一種功能最強的免疫活性細胞，主要存在於表皮中部，大多位於棘層中上層，屬於樹突狀細胞。朗格漢斯細胞功能獨特又強大！「免疫活性」即參與機體的免疫應答反應，包括我們經常遇到的接觸性過敏反應、化妝品皮炎等，就是由它觸發的。「樹突狀」，則是根據其「長相」命名的，顧名思義，就是有很多的樹枝樣的突起，像個「八爪魚」一樣。

　　朗格漢斯細胞是由胚胎期的骨髓發生，之後遷移到皮膚內，逐漸形成很多的突起來發揮作用。我們皮膚接觸到一種過敏原，比如有人對眼鏡架的鏡框、皮帶的金屬頭端，或者染髮劑、化妝品中的某種成分過敏，這種物質被稱作「抗原」，或者「過敏原」。皮膚直接接觸抗原後，朗格漢斯細胞就發揮它「防衛兵」般敏銳的「嗅覺」，迅速識別它是異物，然後伸出它那又多又長的「魔爪」，捕獲這些抗原物質，經過加工處理，或「大刀闊斧」地「斬頭去尾」，或者「精細雕琢」、添加一些便於識別和呈遞的標記，總之既要保留抗原物質的本性，又要便於自己人識別，這可是一個複雜精密的過程。然後這些抗原物質就「改頭換面」分布於細胞表面，這時候，這些細胞就扛著自己的「戰利品」，浩浩蕩蕩、興高采烈地游走出表皮，大部隊隨淋巴進入淋巴結，將抗原信息提呈給其他免疫活性細胞，引發免疫應答，完成一次交接儀式。這時候你的機體就認識了這些過敏原，當再次接觸的時候，就會發生過敏反應，輕者只是局部發紅、發癢，長點小紅疙瘩；略重的可能會有水疱、疼痛；有些嚴重的「染髮劑皮炎」還會引起臉部水腫。

■ 朗格漢斯細胞示意圖

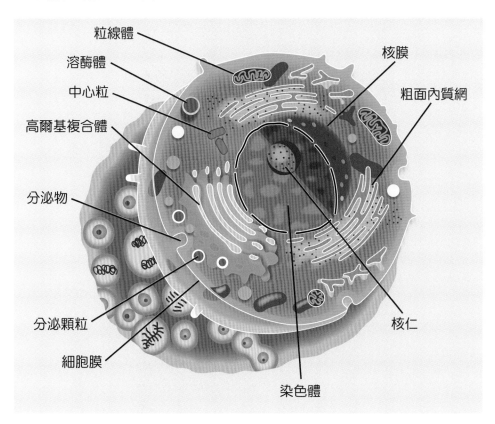

粒線體
溶酶體
中心粒
高爾基複合體
核膜
粗面內質網
分泌物
分泌顆粒
細胞膜
核仁
染色體

　　因此，朗格漢斯細胞是一種抗原提呈細胞，在皮膚的接觸性變態反應、對抗侵入皮膚的病原微生物、監視癌變細胞中和同種異體皮膚移植時的排斥反應中起著不可替代的作用。皮膚科常用的「斑貼試驗」就是利用朗格漢斯細胞的這個特性，檢測你是否對某種物質過敏，特別是「化妝品皮炎」。如果一個患者認為自己使用某種化妝品過敏，他的口頭述說並沒有意義，皮膚科的「斑貼試驗」才是最有力的證據。我們人為地將可疑的過敏原配製成一定濃度，放置在一特製的小室內，然後敷貼於患者後背，24～48 小時後除去，觀察皮膚反應，根據皮膚是否有發紅發癢等來確定受試物是否是過敏原。

## 梅克爾細胞——皮膚的感受器

　　當人體皮膚接觸到環境中的冷、熱、溫、痛、癢、麻等多種微小刺激時，幾乎都是靠梅克爾細胞感知和傳遞信息的，該細胞具有短指狀突起，數目很少，與感覺神經末梢接觸，因此能感受觸覺或其他機械刺激。所以，在感覺敏銳部位如指尖、乳頭與外陰密度較大。這種細胞固定在基底層而不隨角質形成細胞向上遷移，因此，梅克爾細胞就像一個小小的螺絲釘一樣一直牢牢地堅守在表皮基底層，一輩子都在默默地工作著。就像海底的水草一樣，扎根在基底，伸出觸角，感受周圍的一切。不誇張地說，皮膚一樣可以感受情愁愛恨的，例如戀人們的甜蜜親吻、親人們的熱情擁抱、皮膚刀割般的疼痛、椎心難耐的皮膚搔癢以及寒風刺骨痛，溫水、熱水及開水的燙人程度等。

處方保養是一門與時俱進的藝術，
追求專業與美的最高境界。

## 皮膚屏障——皮膚的磚牆結構

　　從這裡開始，讀者要建立起兩個概念：一是廣義的全層皮膚屏障，二是狹義的皮膚屏障 。顧名思義，就是保護皮膚自身的一層屏障，說具體些，它是我們皮膚表面的一層水脂膜結構，就像我們的鎧甲一樣，皮膚屏障功能受損往往是很多皮膚病發生的第一步。

　　皮膚的屏障具有以下功能：①完全可以保護體內各器官和組織免受外界有害因素損傷，又可防止體內水分、電解質及營養物質丟失的屏障作用，這是皮膚全層承擔起來的，也就是說皮膚具有「屏障、吸收、感覺、分泌、排泄、體溫調節、物理代謝、免疫」等各種功能。②在這裡皮膚的屏障功能表現為阻擋摩擦、擠壓、牽拉以及碰撞等機械性損傷、阻擋紫外線輻射後的損傷。③還可以抵抗弱鹼的化學性刺激，當然那些能致人毀容的強酸、強鹼，皮膚可是承受不起的哦。④還有細菌、病毒、真菌等微生物的防禦作用。⑤可以防止體內營養物質、電解質及水分的丟失，在這裡還要提醒大家，在正常情況下成人經皮丟失的水分每天為 240 ～ 480ml（此為不顯性出汗），是看不出來的丟失，如果角質層破壞了，經皮水分丟失會增加 10 倍。

　　通常所說的皮膚屏障，主要是指皮膚角質層結構相關的屏障。角質層中的角質形成細胞與結構性脂質構成了著名的「磚牆結構」。其中，角質形成細胞（KC）就好比砌牆用的「磚塊」，連接 KC 的橋粒起「鋼筋」的作用，角質層細胞間的脂類物質組成的「水泥」起黏合作用。同時，這些起潤滑作用的物質，如神經醯胺、游離脂肪酸與膽固醇，以最佳比例充滿整個角質層細胞間質，這個半透膜性質的角質層就可以抵抗弱酸弱鹼等損傷。此外，可以防止體內水分和電解質的異常流失，同時阻止有害物質的進入，起到維持機體穩態的作用。

　　自打一出生，這麼薄薄的皮膚屏障就伴隨著人們經風雨、見世面了。受多種因素影響，內在因素包括：年齡、性別、激素水平波動等；外在因素有溫度、溼度、雨雪影響、紫外線、灰塵、外用藥物及多種化妝品等。

　　擁有健康的皮膚屏障就等於擁有了美麗自然的皮膚，如果將角質層細胞比作與外界有害因素作戰的勇士的話，其餘各層的細胞就是補充角質層戰鬥減員的預備役隊員。基底層細胞是生產大隊隊長，源源不斷地向前線提供角質細胞儲備。

　　一個正常的角質形成細胞從基底層到達皮膚表面（即角質層）的時間，就是皮膚科醫生經常說的「表皮通過時間」或「表皮更新時間」。這個表皮通過時間對正常皮膚而言約為 28 天，簡單記住就是一個月。而一旦皮膚屏障受損就會使得皮膚自身防禦能力不足，皮膚極易敏感受損，表現為皮膚乾燥、色素沉著、異位性皮炎、溼疹、銀屑病、魚鱗病、酒渣鼻、脂溢性皮炎等，常常形成因果循環，<u>互相促進</u>，導致皮膚問題加重，治療難度相應加大。2011 年全球皮膚免疫學進展的重大發現之一，就是當表皮完整時，皮膚表面的細菌、真菌或病毒等共生菌就不致病，一旦表皮受損（即皮膚屏障破壞），這些共生菌就會進入真皮而引發免疫性炎症反應。

　　即使你知道了皮膚有它自然的進程，可有很多內外因我們卻無法控制，比如一年四季的風吹日曬，另外，在我們日常護理過程當中，常常會用到各種清潔、護膚品或藥品，由於認識的局限性，很可能自己在無意中就傷及到這層看起來堅實，其實很脆弱的皮膚外衣——皮膚屏障了。

■ 皮膚屏障結構

角質細胞

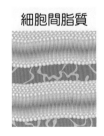
細胞間脂質

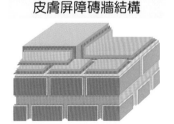
皮膚屏障磚牆結構
細胞間脂質
角質細胞

## 皮脂膜——天然的弱酸性保護膜

皮脂膜，功能很強大，卻總被忽略。擁有健康、亮白透皙皮膚的第一要素就是需要擁有健康的皮脂膜。因此，我們要先學會看懂皮脂膜，再談護膚，然後才是洗臉！皮脂膜對皮膚乃至整個機體都有著重要的生理功能，主要表現在以下幾個方面：

1. **屏障作用：**皮脂膜是皮膚鎖水最重要的一層，能有效鎖住水分，防止皮膚水分的過度蒸發，並能防止外界水分及某些物質大量透入，其結果是皮膚的含水量保持正常狀態。

2. **潤澤皮膚：**皮脂膜並不屬於皮膚的某一層，它主要由皮脂腺分泌的皮脂和角質細胞產生的脂質，及汗腺分泌的汗液等一同組成，均勻分布在皮膚的表面，形成皮膚表面的一層天然保護膜，就像給汽車表面打蠟一樣。其脂質部分有效滋潤皮膚，讓皮膚保持潤滑和滋養，而使皮膚柔韌、滑潤、富有光澤；皮脂膜中的水分可使皮膚保持一定的溼潤度，防止乾裂。

3. **抗感染作用：**皮脂膜的 pH 值在 4.5 ～ 6.5，是弱酸性的。這種弱酸性的特點使它能抑制細菌等微生物滋生，對皮膚有自我淨化的作用，因此是皮膚表面的免疫層。

皮脂腺的分泌受各種激素（如雄激素、孕激素、雌激素、腎上腺皮脂激素、垂體激素等）的調節，其中雄激素的調節是加快皮脂腺細胞的分裂，使其體積增大，皮脂合成增加；而雌激素則是通過間接抑制內源性雄激素的產生，或直接作用於皮脂腺，來減少皮脂分泌。

皮脂分泌過旺，皮膚會油膩、粗糙、毛孔粗大、易出現痤瘡（也就是我們平時理解的痘痘）等問題；分泌過少，會導致肌膚乾燥、脫屑、缺乏光澤、老化等。

影響皮脂分泌的因素有：內分泌、年齡、性別、溫度、溼度、飲食、生理週期、潔膚方式。以下重點說一下溫度、溼度、潔膚方式和生理週期。

　　**溫度**：氣溫升高時，皮脂分泌較多，氣溫低反之。所以夏季皮膚偏油，冬季皮膚乾燥。

　　**溼度**：當皮膚表面溼度升高時，皮脂乳化、擴散就會變得緩慢，肌膚就會保持潤滑光澤。因此，做面膜 15 ～ 20 分鐘後，你就感覺自己獲得了重生一樣，因為面膜通過封包作用提高了皮膚局部的溼度。

　　**潔膚方式**：由於皮脂膜形成後會抑制皮脂腺的分泌，如果使用熱水或用去脂類、去角質類清潔的產品過度清潔肌膚（控油祛痘的產品也一樣），造成皮膚皮脂過度喪失，皮脂膜抑制皮脂腺分泌的壓力減輕，皮脂分泌速度增快，皮脂蹭蹭蹭地往外冒，問題也隨之而來。

　　**生理週期**：女性月經前後，雄激素分泌增多，雄激素刺激皮脂腺分泌皮脂旺盛，易產生痤瘡（痘痘）。

### ■ 皮脂膜的重要性

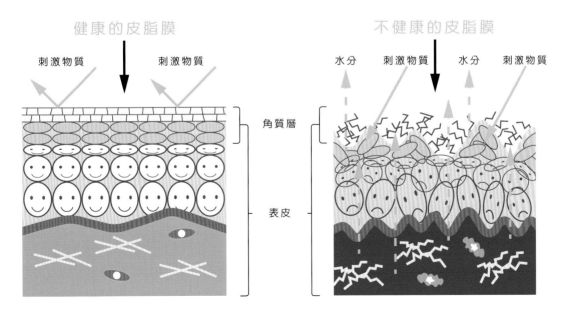

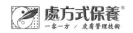
一旦皮脂膜遭到破壞，不但保水功能降低，還會使肌膚變得乾燥、搔癢甚至脫皮。對氣候等因素的反應力也隨之減弱，極易引起肌膚紅腫、局部泛紅甚至出現敏感現象。特別容易出現色素沉澱，使皮膚不夠白皙。潔面後也會感覺皮膚比健康時要乾澀、緊繃。所以及時保養措施勢不可少，它將為你的肌膚重新築起一道新的「保護牆」。

### 關於皮脂膜

● 皮脂膜不是皮膚結構，它是由皮脂、角質細胞產生的脂質、汗液等組成
● 皮脂膜是皮膚鎖水最重要的一層
● 皮脂膜好比汽車表面的蠟，能滋潤皮膚
● 皮脂膜是弱酸性的，能抑菌

## 真皮——皮膚柔軟光澤的關鍵，也是皺紋的來源

真皮介於表皮層和脂肪層之間，主要由膠原纖維、網狀纖維、彈力纖維、細胞和基質構成。

皮膚老化的表現主要為真皮的改變，正常情況下，膠原纖維和彈力纖維交織成網，保持肌膚的張力和彈性。在紫外線等外界環境日積月累的傷害下，膠原纖維和彈力纖維受損、斷裂，導致真皮層網狀結構疏鬆，皮膚逐漸變得鬆弛，隨之出現皺紋。

### 膠原纖維

膠原纖維是真皮組織的主要成分，韌性大、抗拉力強，但缺乏彈性。

光老化皮膚的一個突出特徵是成熟的膠原纖維被嗜鹼性膠原所替代。此外，在日光保護部位，Ⅰ型和Ⅲ型膠原纖維只有到 80 歲以後才出現減少現象；但在日光暴露部位，20 歲時已減少 20% 左右，到 90 歲時減少 50% 左右，而且膠原纖維的結構在 40 歲後即出現紊亂。由於膠原網絡支架的減少，血管缺乏支持而易破裂出現紫癜。由此可見，防曬、做好光防護對預防皮膚光老化至關重要，且應該從小做起，不應該等到皮膚已經出現肉眼可見的老化表現時才開始。

膠原纖維可吸收波長 400nm 以上的光波，時下流行的「光子嫩膚」也就是利用這點，「光子」即強脈衝光，可部分地被膠原纖維吸收，皮膚中色素、血紅蛋白及水分吸收的部分熱量，也可部分地傳導至真皮層，從而在皮膚深層組織中產生光熱作用和光化學作用，使局部產生輕微的炎症反應，誘導膠原纖維組織產生損傷——修復過程，達到新生膠原纖維的增生，最終實現顯著的「嫩膚」效應。還有其他光電技術，如激光、射頻、超聲刀等，也都不同程度地刺激膠原新生與重排，起到除皺抗衰老作用。

皮膚表面紋理細緻整齊，表皮細胞健康。真皮層內的膠原蛋白及彈力蛋白亦充滿彈性，沒有半點鬆弛、皺紋等跡象。

**皮膚老化表現**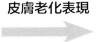

表皮乾燥，真皮失去彈力。臉上的表情紋、乾紋演變成細紋，甚至深刻的皺紋。這在眼部、嘴角、眉頭等尤為明顯。

■ 皮膚構造圖

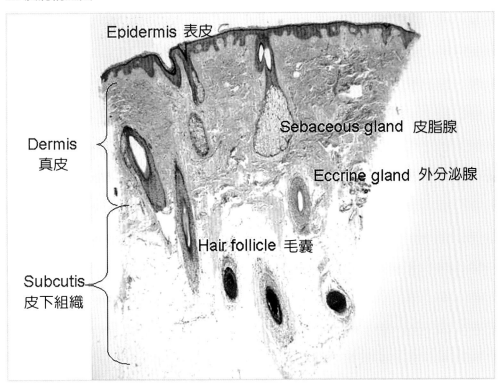

# 彈力蛋白

　　彈性蛋白（Elastin）是一種維持結締組織彈性的蛋白質，使體內許多組織在拉伸或收縮後，能恢復它們的形狀。彈力蛋白為 4 個離胺酸（lysine）進行分子結合，構成彈力蛋白特有的胺基酸——鎖鏈素 & 異鎖鏈素形成交聯結構（cross-link），透過交聯反應，使彈力蛋白對保持組織結構的穩定性和彈性有所幫助。

　　彈力蛋白又稱「彈力纖維蛋白」或「彈力素」，存在於真皮中並具有結合膠原蛋白的作用。彈力蛋白主要存在於肺、韌帶、血管動脈壁以及皮膚等具有彈性的組織，因為彈力蛋白能為所在組織和器官提供抵抗反覆壓縮和變形的能力。儘管皮膚真皮內的組織內彈性蛋白的量約為 2% 至 5%，卻掌管了膠原蛋白的去留！因為「膠原蛋白」主要功能為——肌膚的柔潤及飽滿度，但「彈性纖維蛋白」主要是維持肌膚的彈力跟緊緻。

　　在真皮組織中，彈性蛋白與膠原蛋白皆是組織中重要的纖維狀蛋白質，藉由兩者緊密的合作，方能建構出健康富彈性的真皮組織，兩者相輔相成。若彈力蛋白不足，或因為老化、環境、飲食與生活作息等因素使得彈力蛋白流失增加，肌膚就會開始產生皺紋與鬆弛的現象，而且就算大量補充膠原蛋白也沒用，缺乏彈力蛋白的皮膚會開始鬆散，像土石流一樣亦會導致「膠原蛋白」也跟著流失！

　　很多原因都會導致彈力蛋白會慢慢流失，無法支撐膠原蛋白而使肌膚失去彈性，臉頰與嘴角開始鬆弛、出現法令紋。最常見的有以下幾種，包含歲月的增長、暴露在紫外線照射下（室內日光燈也算哦）、自由基破壞、環境空氣污染與飲食不正常等都會導致提早出現老化的鬆弛。

## 透明質酸

　　透明質酸（hyaluronic acid, HA）即現在注射美容產業的寵兒——玻尿酸，是人體組織中保持水分最重要的物質，它是一種酸性黏多醣類高分子化合物，廣泛存在於人和動物的結締組織、

眼球玻璃體、細胞間質、關節滑膜液、角膜及細菌壁中，但有一半以上存在皮膚。在皮膚中發揮強大的吸水保溼、促進傷口修復癒合的作用，還有防曬及曬後修復的作用。

### 透明質酸在人體中的分布

| 組織或體液 | 濃度 /mg・L$^{-1}$<br>（每 1 升中含 HA 的毫克數） |
|---|---|
| 臍帶 | 4100 |
| 關節滑液 | 1400 ～ 3600 |
| 尿 | 0.1 ～ 0.5 |
| 血漿 | 0.03 ～ 0.18 |
| 皮膚 | 200 |
| 玻璃體 | 140 ～ 338 |
| 胸淋巴 | 8.5 ～ 18 |
| 房水 | 0.3 ～ 2.2 |
| 羊水（16 週） | 21.4±8.8 |
| 羊水（分娩前） | 1.1±0.5 |
| 腰脊髓液 | 0.02 ～ 0.32 |
| 腦室液 | 0.053 |
| 唾液 | 0.46 |

想不到吧，玻尿酸本來就是人體組織中的一種成分！

## 1. 吸水保溼效果強大

透明質酸本身有許多個親水基團，大分子結構還能夠層層折疊成網狀，把水容納在空隙中，因此有著超強的吸水能力。1g 的玻尿酸可以吸收 1000g 的水分，相當於 1000 倍吸水能力，保溼效果是膠原蛋白的 16 倍，是當今文獻中公認之最佳保溼產品，被稱為「最佳保溼因子」。

人體皮膚中保持水分最重要的物質就是透明質酸，在保溼、修復、營養皮膚的作用上都起著關鍵作用。透明質酸還可以加入化妝品中應用於皮膚表面，其吸水效果可逐漸超過角質層的水合度，在短時間裡能讓角質水分充盈。事實上，就透明質酸的保溼原理來講，稱其為「增溼劑」應該更確切。

健康肌膚的含水量應維持在 15% ～ 20%，表皮是皮膚最外層的保護屏障，通常其含水量為 20% ～ 35%。當表皮的含水量降低至 10%，甚至更低時，就會發生明顯的缺水表現，而且自己也能感覺到皮膚不適。此外，皮膚在 25 歲後開始老化，透明質酸的含量會隨著年齡的增加而減少，由右圖可以知道，到了 60 歲透明質酸含量僅有嬰兒期的 1/4 了！透明質酸少了，皮膚含水量也下降，從而使皮膚變得乾燥、無光澤、彈性降低，產生皺紋、粗糙黯沉及膚色不均勻等問題。不難推測，合理地應用透明質酸可以使肌膚重新水潤起來。

## 2. 防曬及曬後修復作用

紫外線照射所產生的活性氧自由基可導致脂質過氧化，破壞細胞膜，引起色素沉著。而細胞表面結合的透明質酸可阻擋細胞中一些酶釋放到細胞外，減少自由基的產生；還可限制幾種產生自由基和脂質過氧化的酶靠近細胞膜，進而減少細胞膜表面自由基的流入。因此透明質酸具有防曬及曬後修復的作用。

■ 皮膚老化時程圖

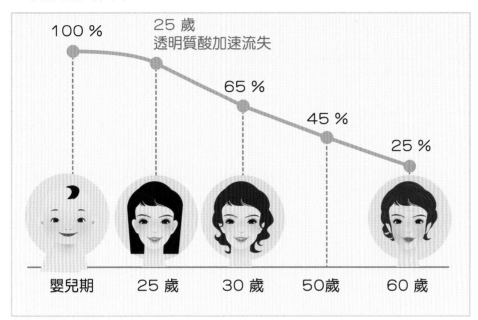

■ 老化過程的皮膚結構變化

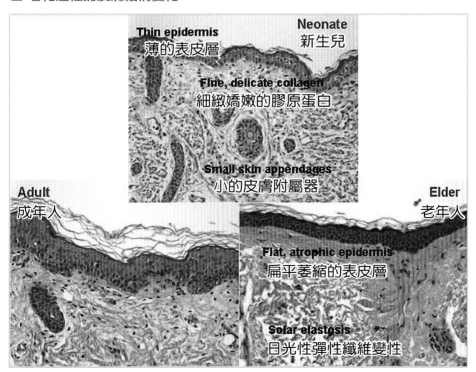

### 3. 輔助修復作用

　　透明質酸除了對正常的皮膚具有保溼作用外，對有創傷的皮膚還具有促進癒合的修復作用。由於透明質酸的高保溼和水化性能，可通過擴大細胞間空隙，促進修復細胞的移動，同時維持傷口周圍皮膚水環境的恆定，激活皮膚屏障自我修復能力。透明質酸在皮膚炎症後修復過程中，通過以下幾點作用促進皮膚癒合：①與血纖維蛋白組成的凝塊，在創面癒合過程中發揮構造功能；②促進粒細胞吞噬活性，調節炎症反應；③促進上皮細胞增殖、移動，促進血管生成；④調節成纖維細胞的增殖，調控膠原合成，減輕瘢痕形成；⑤透明質酸具有滯留水的作用，組織的水合狀態是細胞存活的必要條件；⑥清除氧自由基，促進受傷部位皮膚的再生，被稱為「高效的自由基清道夫」。

■ 光老化組織變性

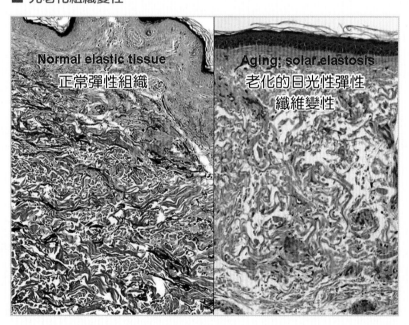

# 細胞

真皮結締組織間可見成纖維細胞、肥大細胞、巨噬細胞、淋巴細胞等。①成纖維細胞作為皮膚組織中的主要細胞，能夠產生多種纖維和基質，與皮膚結構重建、細胞外基質代謝等功能密切相關，因此也成為研究治療光老化的主要目標細胞。②肥大細胞是含有各類組胺及過敏類物質的細胞。當皮膚發生過敏反應後，肥大細胞就會釋放顆粒，造成皮膚組織水腫起風團。最簡單的一個例子，就是夏天我們被蚊子咬了過後，皮膚會鼓起一個紅包，有的周圍還有一圈白色，這就是「風團」，就是蚊蟲叮咬後肥大細胞釋放炎症介質，引起皮膚小血管擴張、滲透性增加而出現的一種局限性水腫反應。③巨噬細胞是有吞噬作用的細胞，可以吞噬色素、清除微生物碎片。④淋巴細胞是參加免疫反應的細胞。

長波紫外線（ultraviolet A, UVA）照射可產生活性氧，降低皮膚成纖維細胞的活性及增殖能力，損傷粒線體，使人體細胞端粒縮短，並誘導產生基質金屬蛋白酶，後者又能夠特異性降解真皮組織中的膠原與彈性蛋白，造成光老化的臨床表現。

多年來，我們一直把研究重點放在紫外線對四大類皮膚重要靶細胞（角質形成細胞、成纖維細胞、黑素細胞和朗格漢斯細胞）的影響上，也研究多種現代化光聲電治療對皮膚老化的緩解及改善作用，團隊在這方面也積累了臨床和基礎方面的豐富經驗，同時結合傳統中醫理論及現代藥理學技術，從多種中藥及天然植物有效組分間篩選出具有明確防護紫外線作用的活性成分，並在此基礎上，對紫外線導致皮膚損傷和老化的機制以及藥物的防光作用進行了深入研究。

## 皮下組織——脂肪也是好東西，理智減肥才是王道

真皮下方為皮下組織，又稱皮下脂肪層或脂膜，具有保溫及緩衝機械衝擊、保護內臟的作用，所以，我們常常說，胖子不怕冷、耐摔，就是這個道理。

皮下脂肪層，是成人人體變化最大的組織，其內含大量脂肪細胞，而脂肪正是現代這個叫囂「減肥」時代的大忌。人體脂肪細胞數目到了青春期後就不再增加，故成年以前應盡量避免發胖，才能把脂肪細胞數目維持於最適當量；成年以後才發胖的人，一般是脂肪細胞儲藏多餘脂肪而使得體積變大造成的。

人體脂肪分為淺層（淺層皮下脂肪）和深層（深層皮下脂肪和內臟脂肪組織）。減肥的時候，先消耗的是淺層脂肪，最後消耗的是深層；反之，合成脂肪的時候，先合成深層，後合成淺層。因此，深層脂肪容易合成、不易分解，是普通的減肥方法很難動員到的脂肪組織。

皮下脂肪組織的分布可看作第二性徵的一種，男女脂肪在體內的分布是不同的。男性傾向於集中在腹部和身體上半部（蘋果型身材），而女性則位於下半部，特別是臀部和大腿（梨型身材）。兩性脂肪組織分布的不同導致女性更易出現橘皮現象。

人體輪廓外形主要是由脂肪和肌肉塑造的，其中脂肪占主導地位，人體塑形主要是脂肪的塑形。通過減少脂肪細胞的數量，可以減輕局部脂肪堆積，從而改變身體曲線。脂肪在整型美容外科人體塑形方面的作用日益突出，如抽脂術、自體脂肪移植填充、去分化脂肪幹細胞培養及美容修復等。局部脂肪堆積的程度與脂肪細胞的數量及充盈程度有關，抽脂術是通過減少脂肪細胞的數量減輕局部脂肪堆積，從而改變身體的曲線。一般而言，深層脂肪蓄積的部位是適合吸脂的部位，如下腹部、女性的大腿和臀部以及男性的上腹部等。

現代女性總是不能理智減肥，有些本來已經很骨感甚至用「骨瘦如柴」來形容也不為過的人，還是拚命減肥。殊不知，有了脂肪，才有「凹凸有致」的曲線，同時，正因為富含脂肪的皮下組織，皮膚才會顯得圓潤。古有楊玉環，珠圓玉潤，「溫泉水滑洗凝脂」掀起唐人以豐腴為美的風潮。然而，現在人們都以瘦為美，許多年輕女孩更是將減肥作為自己生活中的目標，一味追求骨感，卻不知凡事都有一個標準，瘦得脫了形，以致失去了皮膚應有的潤澤及質感，就很難說「美如玉」了。

脂肪的增減與體型、身體曲線密切相關，同時，它還有美容的效果。現代科技的發展，已經可以做到原位溶脂、抽脂移脂等。目前，去分化脂肪幹細胞培養及美容也越來越受到重視，其中所含的幹細胞成分和各種生長因子，能夠修復皮膚纖維組織生長、促進膠原蛋白分泌合成及血管新生等，具有很好的修復、抗衰老等美容功效。

# 經皮吸收——皮膚的吸收功能

皮膚是通過什麼途徑吸收外界物質？

我們在皮膚上使用化妝品或使用護膚品的目的，都是希望這些物質對皮膚健康美麗有意義，對治療皮膚病的皮損有幫助。要做到這些還是很不容易的，因為皮膚有完整的屏障，藥物、營養物質只有通過了這一保護層，才能稱得上真正用到了地方。

既然前面我們把皮膚比作了堅不可摧的鎧甲，比作由磚和水泥砌成的磚牆結構，那不是「鐵板一塊」的感覺了嗎？那還花那麼大代價塗抹化妝品，在皮膚上塗外用藥不是枉然嗎？

其實，皮膚與生俱來就具有吸收外界物質的能力，稱之為經皮吸收、經皮滲透或透入。如果一種化妝品成分要真正作用於皮膚，它就必須能夠滲透進入皮膚。皮膚主要通過三種途徑吸收：①主要途徑是角質層；②毛囊皮脂腺開口；③汗管口。也就是說，藥品或化妝品中的有效成分，即能夠對皮膚細胞發揮作用的成分，必須首先穿透最外面的角質層，然後彌散進入表皮和真皮，才算被皮膚吸收了。

皮膚的吸收功能可受很多因素影響，主要如下：

## 1. 皮膚的結構和部位

皮膚的吸收能力與皮膚的厚度，特別是角質層的厚薄、完整性及其通透性有關，不同部位皮膚的角質層厚薄不同，因此不同部位皮膚的吸收能力有很大差異。一般而言，按吸收能力由強到弱依次為：陰囊 > 面部 > 下肢屈側 > 上臂屈側 > 前臂 > 手掌、足底，面部一般是在鼻翼兩側最易吸收，上額及下額次之，兩側及面頰最差。皮膚損傷導致的角質層破壞，也可使損傷部位皮膚的吸收作用大大增強，因此皮膚損傷面積較大時，使用外塗藥物時應注意藥物過量吸收所引起的不良反應。

## 2. 角質層的水合程度

皮膚角質層的水合程度越高，其吸收能力也越強。藥物外用後用塑料薄膜封包，要比單純外用的吸收系數高 100 倍，就是由於這種密閉封包的做法阻止了局部汗液和水分的蒸發、角質層水合程度提高的結果。面膜，從某種意義上說也是採用了這個原理。因此，同樣多的水分通過面膜封包的方法，比單純抹在臉上吸收得要多很多。臨床上常採取這種方法治療肥厚性及乾燥性皮損，可以大大提高外用藥物的療效，如神經性皮炎、皸裂角化性溼疹、大面積斑塊型銀屑病皮損等，但也應注意藥物的過量吸收問題。

## 3. 被吸收物質的理化性質

通常化妝品中總會標榜各種有效成分，單獨看時，每種成分從理論上來說都是有意義的，比如說維生素 C 可以美白、清除氧自由基，但是一旦作用到皮膚上，還需要考慮它是否能被有效吸收，這就需要留意化妝品的基質成分和滲透技術了。

完整皮膚只能吸收少量水分和微量氣體，水溶性物質如維生素 B、維生素 C、蔗糖、乳糖及葡萄糖等不易被吸收，但對脂溶性物質吸收良好，如脂溶性維生素和脂溶性激素如雌激素、睪酮、孕酮、脫氧皮質酮等，對油脂類物質也吸收良好，主要吸收途徑為毛囊和皮脂腺，吸收的強弱順序為：羊毛脂 > 凡士林 > 植物油 > 液體物質。至於維生素 A、維生素 D 及維生素 K 則容易經毛囊皮脂腺透入。

動植物性和礦物性油脂都是經毛囊皮脂腺透入，經角質層吸收的油脂量極微，在顯微鏡下可以看見，在皮脂腺細胞中有滴狀油脂。要提醒注意的是如果使用上述油脂成分過多，極可能導致導管口過度堆積而堵塞毛囊皮脂腺，引發炎症或痘痘。

我們經常看到報導，在化妝品中添加重金屬成分如鉛、汞等情況，這些物質可以被吸收嗎？如果是重金屬的脂溶性鹽類，如金屬汞、甘汞、黃色氧化汞，是可經毛囊皮脂腺透皮吸收的，但表皮本身不能透過，因為鉛、錫、銅、砷、銻、汞有與皮膚、皮脂中脂肪酸結合成複合物的傾向，使本來的非脂溶性變為脂溶性，從而使皮膚易於吸收。

### 4. 外界環境因素

環境溫度升高可使皮膚血管擴張、血流速度增加，加快已透入組織內的物質瀰散，從而使皮膚吸收能力提高。環境溼度也可影響皮膚對水分的吸收，當環境溼度增大時，角質層水合程度增加，細胞內外水分濃度差減少，使皮膚對水分的吸收減少，反之則吸收能力增強。

此外，劑型對物質吸收有明顯影響，同種物質不同劑型，皮膚的吸收率差距甚大。加入有機溶媒可顯著提高脂溶性和水溶性藥物的吸收，如粉劑和水溶液中的藥物很難吸收、霜劑可被少量吸收、軟膏和硬貼膏可促進吸收。

現在醫美工作者使用水光針、納米微晶針或超聲導入法也是為了開放皮膚的物理通道，以促進難透皮物質的滲透及吸收。

### 5. 年齡、性別

嬰兒及老人的皮膚比其他年齡層更易吸收，性別之間則無差異。

"

專業專注，
——呵護肌膚美麗一生。

Part2

# 中西醫學合璧，
# 創造肌膚新美學

　　量身訂製的處方式保養技術、獨一無二的皮膚管理系統，
是在紛亂的保養市場中，讓碧盈美學與眾不同的關鍵。
　　取中西醫學的精華，結合多元領域的醫師團隊，
專業專注，追求完美，近乎苛求，呵護你的肌膚美麗一生。
　　碧盈美學，讓你的肌膚一輩子都有我們的專業照顧。

# 西方醫學的保養思路，
# 頭痛醫頭、腳痛醫腳

　　西方醫學是以診斷、治療的角度，來面對生理及心理問題的實證醫藥科學，因此從西方醫學的角度來定義何謂漂亮肌膚，會得到「沒有斑點、沒有痘疤、沒有鬆弛老化……」的答案。

　　發現沒，這些回答的內容，都是以肌膚沒有「病」作為標準，也就是說，在西方醫學的眼中，沒有漂亮肌膚的定義，只有不漂亮肌膚的問題。

　　西方醫學的治療思路，是找出問題，然後刪掉問題。今天你有斑點困擾，可以使用雷射去除，今天你有鬆弛困擾，可以選用電波拉皮來改善，但你覺得氣色有點黯沉，西醫可能提不出積極的療法，頂多叫你早點休息睡飽一點。這是因為西方醫學重視結構性的問題，有不好的地方就切除，有不良的基因就移除，當皮膚出現問題時，只能以單一的思維思考該怎麼治療，因此才會發展出雷射、脈衝光、肉毒桿菌、電波拉皮等醫學美容技術，目的就是為了治療肌膚問題。

# 中醫講究由內而外調養，氣血好、肌膚就漂亮

　　而同樣的問題到了中醫領域，回答就不一樣了。中醫認為漂亮的肌膚，就是氣血循環好的肌膚狀況。氣像是一種推動力，血則像滋養的物質，血支持著氣的推進。氣生血、血載氣，有氣才有容顏的顏色，氣血循環好、氣血充足，容顏的顏色自然好，肌膚自然呈現出有活力的光澤感、細緻度。

　　從這個角度可以知道，中醫講究的是由內而外的調養，不同於西醫用的是排除法，中醫則是利用調整內部系統，誘導出人體的自我修復能力。舉例來說，如果想讓肌膚變得亮澤，去找西醫會得到果酸換膚的建議，利用化學性原理讓角質脫落，促進代謝更新速度，來達到外層肌膚亮澤的效果；但如果你找的是中醫，會得到調理氣血循環的方子，由內而外讓肌膚調理出光澤亮度。

# 「治未病」的保養觀念

　　關心健康議題的人，一定對「亞健康」這個名詞不陌生。亞健康其實不是正式的醫學診斷，但全球有一半以上的人口都處於這個狀態，因為亞健康的人，常常覺得容易疲勞、消化不良、失眠、情緒低落、好像這裡痛或是那裡不舒服，但是用醫學儀器檢查卻都沒有異常。身體狀況處在疾病與健康之間的狀態，就稱為亞健康。

　　既然不是疾病，需要的就是預防及保養。但西醫理論中沒有保養的觀念，身體虛弱覺得累跑去看西醫，通常會得到檢查結果正常，回去多睡覺、多運動，注意飲食的建議；但去看中醫就不一樣了，望聞問切之後可能告訴你，這是因為陰虛火旺、溼濁內生等各種診斷，然後得到一帖調養方子，可以幫你調理身體狀況回復正常。

如果你想藉由檢驗數據的警示，來達到預防疾病的作用，效果其實很差。因為人體有自然療癒與維持生理正常運作的本能，在可以忍受的一定範圍，檢驗數字看起來都是正常的。像是即使肝臟功能只剩 1/10 時、腎臟功能只剩 1/4，檢驗出來的數值還是正常，非要等到內臟功能耗竭時，才能從檢驗數字上發現異常。而中醫理論著眼在功能性而非檢驗數字，只要發現功能失衡了，就會開始進行調養。覺得肩頸痠痛時就立刻緩解，不會等到症狀出現了才來治療，甚至會根據節氣變化，提出保健養生的方法，積極預防疾病發生。

中醫注重「治未病」，治療未來的疾病，也就是防患未然、早期介入、早點預防的概念。雖然西醫也有預防的作法，例如施打疫苗，但也僅限於此。今天如果發生冬天下大雨，而你全身淋溼溼的狀況，中醫會趕快熬煮黑糖薑湯給你喝，預防風寒發生，但西醫沒有積極治未病的作法，只能等真的感冒了再來治療。

我有一個病人，某次到醫院體檢時發現肺部有個陰影，全家人開始緊張到處求醫，第一家醫院建議他直接做放射線治療，第二家醫院建議先做切片，檢查結果並沒有發現癌細胞，第三家醫院是結核病醫院，建議他吃抗結核病的藥物。一連串檢查治療下來，一位原本身體精神都很好，每天早上可以去廣場跳舞的六十歲大媽，被折騰得精神情緒低落，加上藥物的副作用，身體也難受不舒服。後來病人找到我，診斷後首先建議停掉藥物，再去做一次電腦斷層檢查，確認腫瘤不是朝惡性方向發展後，開始以中醫理論來治療，並持續監控腫瘤發展。不到一個禮拜，病人的氣色轉好，漸漸的精神體力都恢復正常了。

面對疾病，就像是開車路上碰到大塞車，西醫會想炸開一條路衝過去，或是不過去了，但中醫想的是側枝循環，此路不通改走另一條路，或許慢一點，但能到達最重要。

不是因為有美麗肌膚
才堅持保護它，
而是堅持保護之後
才會有美麗肌膚。

處方式保養
一客一方 / 皮膚管理技術

# 一直以來困擾的問題，到底西醫好？還是中醫好？

西醫好還是中醫好？這個問題自古以來就是大哉問。我研習過西醫以及中醫理論，取得中西醫執照，並且實際從事西醫及中醫臨床經驗 20 年以上，或許可以帶領大家找出一個答案。

跟多數人的選擇一樣，我一開始投入的，是醫學主流西方醫學的領域。即使經過醫學系 7 年紮實的學習，通過國家考試取得西醫師執照，但在我的心中，一直有個小小的聲音，從高中時期不時迴盪在心裡——我想了解中醫，所以高中時就自行研讀中醫經典。醫學系畢業後擔任臺灣三軍總醫院西醫醫師，同時我也開始到臺灣中國醫藥大學就讀中醫。

不諱言，我剛開始讀中醫時非常痛苦，每個概念與理論，都會忍不住以西醫角度來審視，腦子裡滿滿的無法裝下與多年西醫所學完全不同的理論。這種感覺就像要你右手學國畫、左手學油畫，完全不一樣的技法與理念，實在很難融合。

最後突破這個困境的做法，就是放掉西醫，將自己放空，不帶批判的眼光重新接受中醫理論。說也奇怪，當中醫的能量越來越多，在腦中與西醫知識取得平衡後，面對疾病及狀況，自然而然就可以用中西醫的理論去相互解釋、互相補充，無任何違和感。

在臺灣三軍總醫院擔任主治醫師期間，我碰過兩個例子，一位女性主訴生產完後，經常會頭皮大量冒汗，就連在冷氣房裡也經常滿頭大汗；另一位在戶外工作的男性，只要一出門就滿身是汗，大量冒汗的症狀讓他日常生活感到困擾。這兩位患者看過很多西醫，但都無法得到明確的診斷和治療，經過我的診斷，他們的症狀更適合以中醫方式來調理，果不其然，以中醫理論調養後，症狀很快就獲得改善。

# 不同的治療工具，越多越好

常常有人辯論西醫好還是中醫好，這個問題就像飛機好還是腳踏車好，其實這兩種不同的交通工具，是完全無法比較的。因為這兩種交通工具的使用目的完全不同，去加拿大當然選擇坐飛機，騎腳踏車雖然也可以到，但可能是跋山涉水好幾個月之後才到；去隔壁市場買菜你會騎腳踏車，因為坐飛機這輩子都不可能到。不同目的地，選用不同交通工具，當然你也可以配合搭乘，時間效率可能會更好，例如你要去加拿大參加自行車比賽，肯定是先搭飛機，再騎自行車。

對我來說，醫術是救人的工具，中醫跟西醫就是不同的治療工具，要救人、要治療皮膚問題，能運用的工具當然越多越好。

所以西醫跟中醫，沒有誰比誰好的問題，重點在於你能否掌握兩者特性，視不同情況運用不同方式，並結合出最好的效果。例如治療闌尾炎，運用中醫控制發炎狀況也可以醫治，但是可能要花上一個月時間，但運用西醫去除病兆，可以立即獲得治療而且很少副作用，比較起來當然會建議選擇西醫方式來治療。但在醫療資源貧乏，沒有開刀設備的偏遠地區，要治療闌尾炎，或許運用中醫控制才是因時因地的最佳選擇。

# 以專業多元的角度，
# 從根本面對肌膚問題

　　肌膚問題雖然不像疾病會立即威脅到人體健康，但長時間下來，始終無法有效改善的肌膚問題，或許會變成心理問題，進而影響身心健康。每個人的肌膚都曾經擁有過最好狀態，豐潤、細緻、Q彈沒有瑕疵，然而隨著年紀、環境、習慣等因素影響，不同程度的肌膚問題開始浮現。

　　面對肌膚問題，應該抱持與面對疾病相同的心態，由內而外、從根本開始改善。改善肌膚問題的方式很多，每種方式的理論各有其優缺之處，如何選擇最適合你的肌膚保養方式，進而改善肌膚狀況，考驗著你的選擇智慧。曾經你選的保養品是姐妹推薦說好用的產品，曾經你聽說誰去了哪家醫學美容變美就跟風也去試試，人云亦云的保養方式無法改善你的肌膚狀況，唯有徹底瞭解自己的肌膚需求，以開放多元的角度去接納專業的保養建議，才能讓肌膚問題得到根本的改善效果。

"

——

碧盈處方式保養，
只為了協助皮膚恢復應有的生命力。

# 沒有一種保養品成分，比皮膚自己產生的更有效。處方式保養，重現肌膚年輕原點！

我創立的碧盈美學已有 20 年的歷史。1999 年創辦至今，默默地耕耘，不做行銷宣傳、不接受媒體採訪，卻深受政商界名人、演藝圈藝人的信賴。碧盈美學之所以能夠受到高階客人的青睞與信任，就是延續源自於臺灣三軍總醫院醫師團隊所研發的中西合療處方式保養技術。

# 獨一無二的處方式保養，
# 與眾不同的皮膚管理技術

一個肌膚狀況各方面都好的人，去了皮膚科、醫學美容中心，可能會得到「沒有斑點、沒有細紋、沒有鬆弛老化，所以沒有什麼好治療」的回覆，但來到碧盈美學中心，處方式保養會為你量身訂製專屬的皮膚管理計畫，讓你的肌膚比現在更白皙、毛孔更細緻、皮膚更有光澤亮度，看起來更年輕。

每個人剛出生時，其實都擁有嬰兒般光滑、柔嫩、細緻的肌膚，但隨著年歲增長、紫外線的曝曬、不當的保養習慣、過多的彩妝等原因，讓我們原本如嬰兒般的肌膚逐漸出現黯沉、斑點、痘痘、細紋及粗大的毛孔。這些問題到了西醫皮膚科，目標就是解決掉看得到的瑕疵，運用醫學美容儀器、運用高濃度且單一成分的藥物，積極去除單一的皮膚問題，速度雖然快，但只能治療肌膚表面的問題並非根治。

而碧盈美學最大的不同，是運用處方式保養，有計畫的做皮膚管理，運用肌膚再生的原理來調養肌膚，激發皮膚自我修護能力，肌膚重建，改變膚質，進而恢復健康與白皙的膚色，最終達到不化妝就很美的素顏境界。

## 量身訂做的保養觀念

在碧盈美學，每個人的肌膚都獨一無二，只有量身訂製專屬自己肌膚的保養計畫，才能讓保養的效果發揮到最大。

量身訂製專屬保養品的概念，並非保養市場上曾流行的檢測個人 DNA 後，再提供一套保養產品，而是肌膚呈現的狀況，會受到環境、季節、作息、年齡、性別等各種因素影響，因此光是膚質的類型，在碧盈美學至少就分為 32 種以上，例如 T 字部位與 U 字部位的狀況，各是乾性還是油性、毛孔細緻還是粗大、白皙還是不白皙、敏感或是非敏感，甚至敏感狀況也會依部位的不同又再進行細分。

處方式保養運用中醫辨證論治及望聞問切的診斷，透過細微的觀察、詳細的溝通瞭解、全面的諮詢整合，進而了解每個人的肌膚現況，再依目前肌膚所需改善的問題，量身打造個人的肌膚保養計畫與肌膚管理系統，讓肌膚透過重建再生的過程，達到肌膚年輕態、健康態。

皮膚管理專業保養，
重建肌膚天性美。

## 中西合璧的美學新境界

如何幫每位女性的肌膚做到私人照顧，讓每個人都能使用到最適合自己的保養品，碧盈美學結合中西方醫學的優勢，以中醫「天地人和、君臣佐使、辨證論治」的理論為基礎，萃取東方及西方天然藥草植物成分，並以西方生物科技結合中醫古方來研發製造低賦形劑的全配方保養品，獨特的中西合璧做法，可以輕鬆達到「簡單的保養，永遠的美麗」，實現美學新境界。

天地人和是中醫重要的觀點之一，認為人體與自然界保持著統一的整體關係，因此看待疾病，必須以整體觀來考量診治，不像西醫只找出原因來切割，而這也是處方式保養面對肌膚問題最重要的理念。中醫辨證論治的法則，是處方式保養找出個人膚質屬性方法的概念來源。透過望、聞、問、切的診斷諮詢，判斷出每個人所需的保養處方。不同於西方藥物都是濃縮而成的單一成分，單一治療，療效雖快但常有副作用，中醫漢方講究「君臣佐使」的概念，根據不同的膚質需求，調製不同的配方，配方溫和而有效。

以這樣理念調製出來的保養品，天然安全有效，連嬰兒的肌膚都可以使用。雖然很多醫師會用類固醇讓過敏皮膚立刻得到緩解，但類固醇會讓皮膚變薄、傷口癒合較差、臉色看起來較紅等副作用。因此碧盈除了研發天然的藥草植物成分，也結合西方醫學科技將保養成分載體奈米化，讓保養效果更好。這道理就像小嬰兒的腸胃無法消化吸收飯粒，於是你將飯粒打成米漿，嬰兒就可以吃進去吸收了。成分要有效，也要有良好的載體技術才辦得到，這就是中西合璧的好處。

處方式保養技術，
恢復肌膚素顏美。

# 天然、安全、臨床、實證、有效

　　碧盈美學量身訂製的保養計畫，需要結合現代中西醫學理論、皮膚再生理論、代謝理論、中醫理論及序列性定位技術創新；並透過臨床醫師及生化博士以定性、定量、定效，交互調整配方比例，恢復皮膚本身原有的抗老化、抗紫外線、鎖水、修護等功能；持續給予有效傳遞訊號，促使皮膚再生與更新，進而達到年輕健康時的完美膚質。因此處方式保養對於產品的要求非常高，從研發團隊、產品開發、生產製造等製程，全程都由碧盈自己掌控。

# 保養美學最高境界，
# 不化妝就很美

你最自然的樣貌，就是肌膚最美的樣子，
這是碧盈承諾所有女性能幫她們達到的境界。
透過處方式保養和皮膚管理計畫，
將肌膚調整到原生最美的狀態，
不化妝就很美，你也可以做得到。

# 真正素顏美人，自然的最好

　　大家都羨慕嬰兒的肌膚，光滑、白皙、柔嫩、細緻、毫無瑕疵，如玉一般潤澤，如絲絨一般滑溜。事實上，每個人剛出生時都擁有嬰兒般的肌膚，然而隨著年歲的增長、過多的紫外線曝曬、不當的保養習慣、不適合的保養品與過多的彩妝，讓我們臉部原來光滑柔嫩的肌膚，逐漸出現黯沉、黑斑、痘痘、細紋與粗大的毛孔，整個人呈現疲憊、老化、蠟黃與粗糙的樣貌。為了掩飾，只好用一層一層的粉底與遮瑕膏遮蓋，但是卸妝後的膚色不均與黯沉卻騙不了自己，肌膚狀況早已沒有嬰兒肌膚般的年輕態、健康態。

　　碧盈有一個很重要的美學觀念，「沒有一個保養品成分會比皮膚自己產生的更有效」。因此碧盈運用肌膚再生的原理，調理受損老化的肌膚，恢復肌膚原生的膚質與白皙的膚色，讓肌膚重現年輕時的明亮，細緻，柔皙與美白，不需再靠粉過日子，真正達到不化妝就很美的境界。

# 辨證論治的分析診斷，
# 提供客製化的保養處方

　　辨證論治是中醫治療疾病的重要原則，也是中醫學的特色與精華所在。辨證就是分析、辨識症狀的不同，區分出不同型態的問題，再根據辨證結果來決定治療的方式。也就是西醫所謂的對症下藥，但下藥之前如何對上正確的症狀，就是一門高深的學問。

　　對碧盈而言，每一位顧客的肌膚都是獨特不同的，甚至一張臉上不同部位的肌膚狀況，也有各自不同的問題。碧盈使用中醫學辨證的概念，以望聞問切的諮詢方式，正確判斷顧客目前肌膚狀況，建議適合個人的保養處方。

　　每一位新到碧盈的顧客，都要先填寫一份詳細的基本資料，內容包括工作職業、休閒活動、保養習慣、睡眠習慣、飲食習慣、腸胃狀況、藥物史及過去病史等。要問到這麼仔細，甚至連排便幾次都要知道，是因為肌膚狀況會受到後天外在環境、行為習慣影響，辦公位置是不是靠窗邊、防曬習慣正不正確、愛不愛吃辣、睡眠時間夠不夠、有沒有服用感光性的藥物等，都會影響肌膚呈現的質感。

　　做完基本資料填寫，諮詢師會針對你的肌膚現況做分區記錄。碧盈將臉部區分為兩大塊，T 字部位與兩側 U 字部位，再從這兩大部位細分額頭、鼻梁、鼻頭，以及眼周、臉頰、下巴等部位。接著判斷這些細部位置的肌膚類型，是乾性、中性、油性、敏感性、偏中、偏油、偏乾還是偏敏感。光是這一輪評估下來，臉部肌膚至少就區分出 16 種以上的類型，若再加上皮膚症狀，是否長痘痘、粉刺，是否有曬斑、雀斑或是老人斑，毛孔是否粗大，是否有痘疤、眼袋、黯沉等問題，就不只是 16 種肌膚類型的問題而已。

■ 皮膚分區紀錄

　　這也是為什麼，碧盈強調每個人的肌膚都是獨一無二，一定得用私人訂製的方式來管理皮膚，才能達到最佳效果的原因。

　　從填表評量中，諮詢師能了解過去曾做過的美容處理，以及希望改善的症狀，並說明治療理念與流程，讓顧客對自己的肌膚結構、肌膚狀況有更進一步了解，做出最準確的保養處方判斷。

　　碧盈的處方式保養，並非一步到位，也不是一瓶精華液或乳液就可以搞定。舉例來說，如果今天你臉部肌膚有 100% 的油脂，使用強效酸類保養品一下子將 100% 的油脂去除，肌膚瞬間沒有油脂保護的結果，就是乾燥脫皮，於是又延伸出另一個肌膚問題。碧盈的調理方式，從清潔步驟就開始。清潔時將調控油脂的效果控制在 10%，使用化妝水時控制在 10%，當主要控油保養品上場時，再調控臉部 50% 的油脂。如此逐步調整的好處，是能夠隨肌膚狀況方便調整處方。下次回診時肌膚若僅存 70% 的油脂，就需要調整控油的程度了，不像只有單一產品，這次的控油治療效果很好，但下次很可能就過於乾燥了。

　　我常舉例給大家聽，就算你愛吃辣，也不可能餐餐都是大辣，桌上每一道菜都是大辣，就算再好吃，腸胃也會吃出問題來。碧盈就像是準備著大辣、中辣、小辣及爽口的菜餚，能夠根據你的體質和胃口狀況來提供適合你的飲食。在碧盈，光是保溼效果的保養品項就有幾十種以上，能夠視膚質、視年齡、視環境、視需求來提供不一樣的保溼目的。

　　一張臉的膚質狀況可能不盡相同，碧盈以高標準、極細節的眼光來分析，確認臉部肌膚各個部位的乾油程度、敏感程度等，再根據不同比例去調整保養處方，溫和有效地做好肌膚管理。

　　碧盈以非常高的標準來看待肌膚美學，就算沒有肌膚問題的困擾，還是可以將你目前的肌膚狀態再提升，幫你改善肌膚膚質，達到年輕態、健康態。

# 保養也講「君臣佐使」，
# 設計最符合需求的處方

回想一下你自己的就醫經驗，若感冒了咳嗽有痰去看西醫，拿到了三天份的止咳化痰藥，三天後咳嗽濃痰的狀況好轉些，再去西醫回診，獲得的還是同樣的三天份止咳化痰藥，連藥名跟劑量都沒變。如果去中醫就診的情況就不一樣了，雖然同樣是咳嗽有痰的症狀，但是咳嗽程度不一樣、痰的顏色不一樣，中醫開出來的藥方也就不一樣。

西醫用「藥」的概念面對疾病，而中醫則是用「方」的概念來治療疾病，而且方子還會隨症加減，症狀不一樣，配方及劑量比例也會跟著改變。面對疾病，中醫用藥就像用兵，大軍壓境，需要君臣佐使通力合作，才能抵禦大敵入侵，驅敵出境。這個用藥概念就是中醫所謂的「君臣佐使」，「君」是方劑中劑量最大、

**君**

是不可或缺的藥物，針對主病或主症起主要治療作用的藥物。

藥力居方中之首。用量最大。

**臣**

一是輔助君藥加強對主症治療效果的藥物。

二是針對兼病或兼症起治療作用的藥物。

藥力小於君藥，比君藥用量小。

**佐**

一是佐助藥，即協助君藥和臣藥加強治療作用，或直接治療兼症。

二是佐制藥，即用以前消除或減緩君藥或臣藥的烈性或毒性。

三是反佐藥，能在治療中起相乘作用的與君藥性味相反的藥物。

佐藥的藥力比臣藥更弱，一般用量較輕。

**使**

一是引經藥，能引導方中諸藥達到病灶的藥物。

二是調和藥，能夠調和諸藥作用的藥物。

使藥的藥力較輕，用量也小。

效果最強的藥物,「臣」與「佐」是輔佐、加強君藥效果的藥物,「使」就像是引經藥,擔任引導藥力直達病所的任務。

碧盈將「君臣佐使」的概念運用在處方保養上,要改善肌膚的問題狀況,並非用一個產品、一個處方來達成,而是要透過肌膚重建處方,從臉部最基礎的清潔開始,到最後一個防曬步驟,客製化管理皮膚,達到肌膚重建改善的效果。

## 不混搭他牌產品,
## 精確掌控保養成分與比例

每個購買過保養品的人,可能都曾提出一個疑問,不同品牌的保養品可以混搭一起使用嗎?碧盈的回答是,處方式保養在肌膚重建管理期間,不可混搭其他品牌保養品使用,原因是無法掌控其他品牌保養品的成分以及濃度。

以恢復肌膚良好新陳代謝為目標,碧盈的保養概念並非成分越多越好、濃度越高越好,混搭使用可能導致濃度過量,反而造成肌膚負擔甚至傷害。例如同樣是美白保養訴求,但各家品牌使用的成分及配方濃度不一樣,混搭使用,肌膚可能不知不覺吸收過量的美白成分及濃度,長時間下來對肌膚可能有負面影響。

雖然市面上的保養品多會標註成分內容,但濃度比例卻沒有標示,對於正在進行重建調理的肌膚來說,無法掌握產品的屬性及成分濃度比例,使用上就有風險。碧盈的任務之一,就是避免你落入任何可能的保養陷阱,不讓肌膚受到傷害。

如果你不懂得保護，那麼傷害就會永相隨。

## 對苯二酚的美麗與哀愁

說到保養品的成分濃度有多重要，就不得不提曾經風靡一時的 O 牌。O 牌是由美國某知名皮膚科醫師創辦，當時堪稱是美白治痘者都想朝聖的保養品。之所以這麼好評，在於它將對苯二酚（hydroquinone, HQ）、維他命 A 酸（tretinoin）結合，這兩個成分可以針對酪胺酸酶（tyrosinase）作用，阻止麥拉寧黑色素形成，再搭配果酸軟化清除角質的作用，美白淡斑效果非常強大。O 牌的主力系列保養品裡都含有對苯二酚這個成分，有些產品甚至濃度高達 4%，已是需要醫師處方才能使用的產品。

成也對苯二酚，敗也對苯二酚。O 牌系列產品在歐美大受好評，但是來到東方亞洲，結果就不盡相同。許多東方女性使用下來，發生刺激性或過敏性皮膚炎，紅斑、紅腫，甚至引起發炎後色素沉澱。原因就出在當各項保養程序裡都添加有對苯二酚、A 酸等成分的狀況下，西方人因為角質層較厚，使用起來或許很適合，但東方人皮膚角質層天生較西方人薄，對某些東方人來說，保養程序累加起來的成分濃度，對肌膚就是過度負擔。

# 皮膚科美白處方藥「對苯二酚」

皮膚科用以「淡斑、祛斑」的外用處方藥中,比較具有代表性的是「對苯二酚」和「視黃酸」。對苯二酚具有極強的美白效果,甚至被譽為「皮膚的漂白劑」,它的效果是熊果素和麴酸的 100 倍。黑色素是造成色斑的原因,而對苯二酚能夠降低合成黑色素的酪氨酸酶的活性,而且它還具有細胞毒性,可以用來對付黑素細胞。由此可見,對苯二酚可以發揮強烈的美白效果,不僅能夠淡斑,還能預防新色斑的生成。它對於黃褐斑、雀斑、炎症後色素沉著也很有效。但是使用對苯二酚的過程中,一部分人會出現過敏症狀。這時,應該立即去醫院就診並停用。另外,只使用對苯二酚的話,皮膚滲透率可能會顯得不夠,所以可以配合使用視黃酸或定期進行煥膚,提高滲透率,取得更好的效果。

＊對苯二酚是屬於藥品成分,全世界的化妝品都是禁用的。

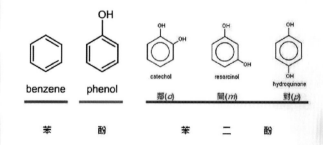

# 皮膚科美白處方藥「視黃酸」

「視黃酸」是皮膚科另一種具有代表性的外用處方藥，它是一種維生素 A 誘導體，也被稱作「維生素 A 酸」，生理活性是視黃醇的 100 ～ 300 倍。用這種外用藥來改善色斑、皺紋、粉刺時，必須先接受醫生的檢查、治療，再由醫生開具處方。視黃酸可以促進表皮的新陳代謝，同時代謝老化的角質。除此之外，它也能消除毛囊部的過角化，抑制皮脂分泌，從而讓粉刺難以滋生。另外，它還能增加表皮內透明質酸的分泌量，讓皮膚保持水潤光滑。通過激發纖維母細胞的活性，促進膠原纖維的產生，從而改善細紋，讓肌膚充滿彈性，永保青春。由於視黃酸的作用機制（藥物對生物體的作用機制），塗抹部位的血液流通會得到改善，並發紅、發熱，進而脫落一層薄薄的角質層。所以必須小心調整其使用頻率和範圍。

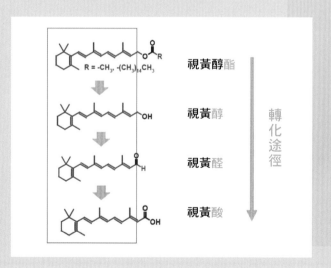

# 碧盈美學處方式保養，
# 私人訂製五階段管理皮膚

為什麼肌膚會出現各種不美麗的狀況？主要是因為新陳代謝變差造成細胞老化，當皮膚基底層的纖維母細胞（fibroblast）老化，無法再製造膠原蛋白保持肌膚的彈性與光澤，就開始出現黯沉黑斑、鬆弛細紋等各種老化現象。

要徹底解決這些惱人的問題，必須重建被破壞的皮膚細胞環境。碧盈獨創處方式保養皮膚管理計畫，運用獨一無二的中西合療，標本兼治理念，深入皮膚基底層及真皮層，刺激活化細胞再生，讓皮膚的新陳代謝，包括 pH 值、溫度、溼度、淋巴循環及血液循環等基本環境回到年輕的原生狀態，所有的肌膚問題也會迎刃而解。

碧盈根據多年的肌膚研究及普遍容易出現的肌膚問題，首創五階段的皮膚管理計畫，透過私人訂製的處方式保養，讓肌膚由內而外不化妝也很美。

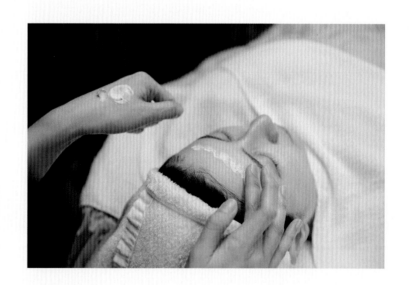

## 肌膚正常代謝機制

成人正常的肌膚新陳代謝週期，約 28 天。這段時間，基底細胞（basal cell）會製造新生細胞後開始成長，並向表面推擠，慢慢向上最後形成新生角質層，而老舊的角質層會形成所謂的「污垢」（debris）進而剝落。

當新陳代謝正常，每次新生後的肌膚都能光滑細緻，嬰兒的肌膚之所以能讓我們愛不釋手，就是因為他們的新陳代謝速度快，比成人的 28 天還短，所以能經常處在光滑柔嫩肌的狀態。相反的，年紀越大新陳代謝速度越慢，看看老人家積在皮膚表層脫落不掉的老廢角質，讓他們的肌膚亮澤不起來，就知道新陳代謝良好在肌膚保養扮演了多重要的角色。

## 肌膚重建與果酸換膚有什麼不同

原理及作用完全相反。果酸換膚是由外而內，利用化學物質強力剝除角質，並無法真正解決皮膚問題，若濃度過高，容易對肌膚造成傷害，得不償失。而肌膚重建是由內而外，強化基底細胞的再生能力，加速細胞分裂讓健康細胞往上往外加速生長，進而將老廢及受損細胞往外加速代謝，讓肌膚內與外皆美。

## 第一階段

　　新來到碧盈的每一位顧客，肌膚的狀態都不一樣，想要改善的問題也都不一樣，就算肌膚底子再好，受到外在環境與後天行為的影響，多少都有受損的狀況。肌膚重建的第一階段就是修護調理，做好修護保溼基本功，調整新陳代謝，讓肌膚回到年輕健康狀態。肌膚底子好的人，修護調理的進展就會很快，如果底子較差，這個階段所需的時間就要長一點。

　　在這個階段，碧盈將會細分、判斷你的膚質，再依照每個人的生活作息、職業類型及特殊需求，為顧客私人訂製一套達到最好效果的客製化處方保養計畫。

## 第二階段

經過處方的調理，肌膚變健康了，膠原蛋白與彈力蛋白的製造增加、細紋減少、油脂平衡、毛孔變小、膚色的白皙感慢慢透出來，肌膚摸起來也變得光滑柔軟有彈性了。這樣的變化你可以非常明顯地感受到。

女性普遍偏好白皙透亮、有光澤的肌膚，因此碧盈對白皙肌膚非常講究，在第二階段會視顧客偏好的美白效果，提供專屬的保養方案。碧盈美學將白皙的層次分為五種：亮白，白中帶有光澤感，看起來容光煥發；嫩白，白中帶有紅潤的血色，就像高中生運動後肌膚會呈現的粉嫩白皙；嬰兒白，白皙的膚色中，又帶有嬰兒般紅通通的雙頰，有著像塗了腮紅的好氣色；粉白，非常白皙勻嫩的膚色，就像上了粉底妝的膚質，適合喜歡很白的人；潤白，膚質底子很好，臉龐散發自然光澤，適合喜歡健康膚色，對白皙不會特別要求的人。

碧盈可以創造出不同層次的白皙感，關鍵就在角質的細緻度，以及氣血循環的狀況。當角質排列越細緻緊密，膚質極好的狀態下，肌膚就像瓷器表面一樣，潔白細膩還會反光。

舉一個很簡單的例子，角質的細緻度就像百葉窗理論，我們可以利用百葉窗的角度來控制光線投入的程度，不同角度可以讓肌膚有不同的光線反射效果。當角質的細緻度越好，可以反射的光線就越多，看起來自然就白皙通透。而肌膚氣色紅潤的程度決定在氣血循環好不好，當氣血循環好，膚色看起來就越紅潤。

## 第三階段

當肌膚黯沉、斑點問題都已大幅改善，漸漸透出健康的光彩，此時要面對的，是每個人都會面臨的老化問題。鬆弛的臉部線條、疲憊老態的樣貌，透過第三階段的調理，將肌膚恢復緊緻有彈性的狀態。就算還沒出現老化現象，也能增加未來對抗老化的能量，延緩老化，讓肌膚長時間維持在健康年輕的狀態。

## 第四階段

當體內新陳代謝好，就算攝取過多卡洛里，也能快速消耗掉熱量不累積肥胖。這個原理表現在肌膚上也一樣，處在新陳代謝好的肌膚，就算長了痘痘，也會恢復得比較快，不易留下痘疤。因此碧盈在這個階段最大的目標，就是為顧客更細緻的調理新陳代謝，讓新陳代謝達到最好的狀態。

## 第五階段

到了這個階段，肌膚的細緻與白皙都完美呈現，但是再年輕的肌膚也要細心呵護才能永保健康美麗。碧盈將在這個階段為顧客規劃能夠長期、持續使用的皮膚管理計畫，在諮詢師的細心照顧下，肌膚還能階段式地不斷進步。

# 定期回診，肌膚狀況不出錯

在肌膚管理期間，碧盈強烈建議每 7 ～ 10 天就要回診一次。回診是必須的，但或許有人會質疑，回診時間為什麼要這麼密集，幾乎每個禮拜都要回來報到一次。舉個簡單的例子就能明白，還記得求學期間，除了期中、期末的大考，老師每隔一段時間就會來個小考、抽考，因為肌膚保養跟考試一樣，平常盯得越緊，在重要時刻就不容易出狀況，大考就不會太差；回診次數越頻繁，就越能掌控顧客平常肌膚保養的問題，真的有狀況也能立刻矯正，不至於讓肌膚狀況變得太糟。

千萬別小看環境對肌膚傷害的力量，天氣突然變冷、變熱，飲食沒有節制地吃喝幾天，熬夜趕工睡眠不足，就足以讓肌膚產生問題。如果你沒有因應環境變化調整保養的處方，例如天氣變乾冷的時候還在努力擦控油的產品，不出兩天，肌膚就會乾燥得脫皮了。7 ～ 10 天回診，就是為了應對這種突發狀況，真的出了問題，諮詢師可以根據顧客的反應給予適當的保養建議，短時間內快速解決肌膚狀況，但如果一隔就是 1 ～ 2 個月，肌膚的變化之大，可能將過往調理好的膚質又破壞了一次。

# 碧盈諮詢師，肌膚 24 小時的貼身管家

碧盈美學首創的私人訂製肌膚管理計畫，除了中醫西醫齊聚的醫師團隊，一位能夠提供顧客專業知識、貼心服務的專屬諮詢師，勢不可少。

碧盈對顧客的肌膚照顧，講究一對一的專屬服務，如此才能對顧客的狀況全盤掌握，包括肌膚狀況、生活習慣、天氣環境等，進而針對顧客需求，提供當下最適切的保養方案。例如今天顧客

要去澳洲出國旅遊，當地的氣候與我們現在身處的環境完全不一樣，這時顧客要如何打包他的保養品，才能讓肌膚狀況在出國期間也能完美無瑕，碧盈專屬的諮詢師會隨時在你身邊提供相關建議諮詢，分分秒秒細心照顧你的肌膚。

擔任碧盈專業諮詢師，豐富的專業知識是必備的，還需要不斷自我提升服務顧客的能力，協助專業醫師團隊，為顧客提供 1 年 48 次的專業皮膚諮詢。

## 獨特的序列性療法

保養品清單列出來，從洗面乳、調理水開始到精華液、乳霜，瓶瓶罐罐這麼多，使用順序到底要怎麼安排，效果才會最好？

這個問題就像滿滿一桌菜，到底要先吃什麼才好。同樣的一桌菜，不同的食用順序，像是先喝湯、吃青菜，再吃米飯和肉類，跟先吃米飯、肉類、再吃青菜、喝湯，對身體將是完全不同的效果，加上食用的量不同，長時間下來，身體健康和體型將會大不同。

保養品的使用也是同樣的道理，處方式保養的序列性療法，根據不同的皮膚問題與相對的保養方案，排列重組保養品的使用順序及使用量，藉此達到最好的改善效果。

Part4

# 小心美麗陷阱，
# 劉博士有話講！

保養的知識就是變美的力量，
觀念不對，再努力也是效果不彰。
碧盈統整出肌膚保養最常見的困擾，
該用什麼態度及方式去面對與解決，你不能不知道。

# 痘痘迷思

## 粉刺跟痘痘有什麼不一樣？

### 可以從有發炎或無發炎來做判斷

青春痘幾乎是個從年輕就困擾著每個人的問題，而且每個人的痘痘型態與嚴重程度都不一樣，青春痘可以分成不同種類，每個種類也可分為不同嚴重程度，不同種類與程度的痘痘治療的方法也不一樣。

痘痘的種類，簡單的可以分為無發炎與有發炎。無發炎的青春痘叫做粉刺，有發炎的青春痘則可以分為紅丘疹、膿皰、囊腫、膿瘍。

■ 毛孔變大原因

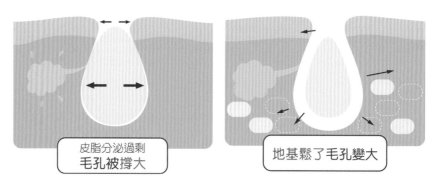

皮脂分泌過剩
毛孔被撐大

地基鬆了毛孔變大

### 粉刺

　　粉刺是沒發炎的青春痘，是由皮脂與死掉的角質細胞組成，裡面雖然有細菌，但是不會構成發炎反應，是我們皮膚上最常見的一個型態，可分為白頭粉刺與黑頭粉刺。

　　所有粉刺一開始都是白頭粉刺，但如果粉刺的開口有部分暴露在空氣中，就會氧化，導致顏色變黑。由於會長粉刺的皮膚角質代謝異常，導致粉刺就一直堵在毛孔的開口。白頭粉刺因為被皮膚表層覆蓋著，所以只有摸起來是一顆一顆凸起的感覺，並無法觀察到任何顏色。粉刺可以長在臉部、頸部、前胸與後背，只要皮脂腺旺盛的地方都可以生成。

　　粉刺與真正青春痘的區別，就在於發炎反應是否存在，由於沒有發炎，所以不會紅腫，摸起來就是表皮下面有一顆一顆的感覺。

　　很多粉刺是在顯微鏡底下才看得到，用手摸不出來的，這種我們稱為微小粉刺（microcomedones），很多證據指出，這些小粉刺會導致之後的發炎性青春痘。所以，長期控制粉刺問題與保持表皮的代謝正常是很重要的。粉刺型青春痘可以長得非常嚴重。我偶爾會在門診看到額頭、下巴與臉頰長了密密麻麻、不下上百顆內包型粉刺的病人。這種病人要恢復到原來光滑細緻的肌膚，就需要多一點時間，但是如何在痘痘清除後，不留下疤痕這才是最重要的，而碧盈就是這方面的高手。

### 發炎性青春痘

　　發炎性青春痘的發生原因與細菌有關。發炎反應有可能侵犯到皮膚的深層，侵犯得越深，留疤的機率也越大。由於發炎嚴重程度不同，我們用不同的名詞來描述它們，包括紅丘疹、膿皰、囊腫和膿瘍。

　　最輕微的稱為紅丘疹（Papular Acne）。丘疹型青春痘是因為堵塞的毛孔周圍產生發炎反應所導致。這些病灶會有點疼痛，毛孔周圍的皮膚通常都是粉紅色的。

　　嚴重一點叫做膿皰（Pustular Acne）。與丘疹不同之處在於病灶開始出現化膿，並且整顆發炎，顯得更為紅腫，病人甚至可以觀察到黃色與白色的膿頭。

　　更嚴重叫做囊腫（Nodular Acne）。除了毛孔堵塞、化膿，整個發炎狀況甚至刺激整個真皮層，造成更劇烈的發炎反應。這些囊腫通常都不是位於皮膚的表層，而是在皮膚的深層位置。這類青春痘沒辦法在家裡自行解決，需要搭配口服藥物、外用藥物，甚至切開排膿，才能讓化膿快速消除。

　　最嚴重叫做膿瘍（Cystic Acne）。這種發炎反應非常誇張，臉上通常會腫起一大個疼痛的腫塊，這是巨大型的發炎反應與感染。我聽過香港病人形容這類腫塊叫做「石頭瘡」，非常地貼切。這些病灶源頭是在皮膚最深層之處，也最容易留下永久性痘疤。一個膿瘍從開始到癒合需要兩、三個月才能結束，有些皮膚科醫師會給這類的病人服用口服 A 酸藥物來加強控制。

　　一個病人臉上通常有多種型態的青春痘，但是只要你臉上出現情況比較嚴重的青春痘，就應該要開始嚴陣以待，並且快速治療，才不會衍生出更多的痘痘問題。

# 需要殺掉臉部蟎蟲嗎？

臉上有蟲？聽起來很驚悚，卻是不爭的事實。如果你長年受皮膚泛紅、兩頰遍布丘疹膿皰的困擾，花大錢買保養品、看過好多醫師也不見好轉，卻在使用類固醇治療後，症狀才壓抑下來，但只要一停止使用，馬上又復發，就要懷疑可能是蟎蟲惹的禍。

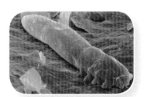

臉部蟎蟲又叫做蠕形蟎蟲，是一種小型的節肢動物，通常寄生在哺乳類動物的皮膚，可以分為毛囊蠕形蟎及皮脂蠕形蟎。顧名思義，毛囊蠕形蟎喜歡生活在毛囊，皮脂蠕形蟎則靠人類分泌的皮脂及剝落的皮屑討生活，夏天或是梅雨季節，都是蟎蟲孳生最旺盛的時候。蟎蟲通常並不會產生疾病，但只要宿主的免疫力變差，或是蟎蟲大量繁殖、產生大量代謝廢物時，就會引起皮膚疾病。蟎蟲產生的症狀通常是紅癢的丘疹，嚴重一點會有化膿反應，一般來說，酒糟性皮膚炎患者臉上出現蟎蟲的機率比較高，密度也比較高。

臉部蟎蟲到底需不需要殺掉，基本上來說，如果你的皮膚沒有出現任何異常症狀，就不用積極地想除掉臉部蟎蟲，你需要做的是，做好部肌膚的清潔工作，避免油脂分泌旺盛，並且勤於更換枕套、被單。如果臉部蟎蟲已經引起皮膚問題，在專業醫師診斷後正確使用藥物治療，平日也要加強身體抵抗能力，才能不受蟎蟲威脅。

# 皮膚能不能去角質？

## 不同皮膚類型，去角質方式也不同

可不可以去角質，前提是要先確認你的肌膚是哪一種類型。基本上來說，正在嚴重發炎過敏的肌膚絕對不能去角質，但若是完全沒有敏感、老化、角質厚重、油脂分泌旺盛、毛孔粗大、痘痘的肌膚，原則上還是可以適度的去角質。

沒有敏感問題的正常肌膚，偶爾使用角質代謝產品，能有效抑制皮脂分泌、幫助毛囊正常角化，去角質反而有助問題狀況的改善。但是盡量不要使用磨砂顆粒類的去角質產品，避免過度摩擦刺激皮膚表面。

# 長痘痘時不適合擦保養品？

## 針對膚質現況，選擇適當保養品

錯，長痘痘當然可以使用保養品，原則是要確認使用的保養品是否適合當下的膚質狀況。例如同時有敏感跟長痘痘的問題，一定是先解決敏感狀況，此時肌膚需要的是修復滋潤性保養品，但是太滋潤又會讓痘痘更嚴重，所以選用的產品需要清爽但又兼具修復的效果。肌膚有非常多的細節需求，這也是為什麼處方式保養特別強調一客一方，私人訂製管理皮膚。

長痘痘時的肌膚保養原則，就是清潔、保溼、控油、防曬。適當而不過度的清潔與控油產品，可以改善皮脂分泌旺盛的問題；適當的溼度是痘痘修復過程必備的環境；另外在痘痘結疤癒合時，因為黑色素細胞會非常活躍，常常造成色素沉澱返黑，所以防曬是必須要做的功課。

當痘痘癒合了，或是有些痘疤、痘斑出現，也可以使用含有微量維他命 C、抗氧化成分的美白產品，合併酸類產品來加強療效，一方面抑制黑色素製造，另一方面促進皮膚新陳代謝，加速黑色素排除。

# 治療皮膚問題一定要吃口服藥嗎？

去看皮膚科時，醫師除了藥膏以外，有時候還會給予口服藥。這些口服藥到底是什麼？需要吃嗎？畢竟是要吃進去肚子的，還是要瞭解一下。

**抗組織胺：目的為止癢，若搔癢不嚴重，其實你可以不吃**

皮膚科常見的口服藥之一，就是抗組織胺類的藥物，最主要的功能是用來「止癢」。組織胺是人體內的一種發炎物質，會在身體遇到特定刺激時大量釋放，進而引起免疫反應，使患者出現搔癢、打噴嚏、流鼻水等症狀。利用抗組織胺抑制其作用，就能使這些症狀獲得緩解。

給予抗組織胺最主要的目的，不在治療疾病，而是減輕患者的不適，因此如果病患自認搔癢感還能忍受，其實可以跟醫師表示不需要開藥。如果領了藥，幾天之後若搔癢症狀消失，也不一定要繼續服藥。

但若是搔癢的症狀嚴重，影響生活品質，或甚至導致病情惡化，個人建議，最好還是搭配使用抗組織胺口服藥輔助治療。例如較嚴重的溼疹、汗皰疹、異位性皮膚炎，或香港腳等，有些病人會在半夜搔抓而不自知，導致快好的患部又破皮、流出組織液，反而造成疾病反覆、難以控制。

此外，兒童克制力較差，治療時醫師也可能會建議搭配口服藥來止癢。有些兒童就曾因單純的蚊蟲叮咬而抓破皮、引發感染，長期下來還可能變成慢性的結節性癢疹。因此，搭配口服的抗組織胺來止癢，反而是必要的做法。

**抗生素：如果治療目的是控制細菌引起的感染，建議不可自行停藥**

夏天容易青春痘發作，是因皮脂分泌過度、毛孔阻塞不透氣，皮脂腺體裡的「痤瘡桿菌」大量繁殖並釋放代謝物，造成粉刺、膿皰、發炎等現象。若是症狀輕微，通常利用含抗生素成分的外用藥膏就能降低細菌的感染，減少腫脹。

但若痘痘的範圍大，且造成大面積的發炎，甚至長出膿皰等，光靠塗抹外用的抗生素藥膏，效果可能不夠好，就有可能需要搭配口服抗生素控制感染、降低發炎。這類情況吃口服藥其實是必要且標準的治療，但還是有不少患者回家後只擦藥膏，導致看了很久情況都未見改善。

此外，像是香港腳，有時候病人除了搔癢難耐外，若有出現指間皮膚破皮、糜爛，也會給予抗生素，避免感染持續，甚至造成蜂窩性組織炎。

需要注意的是，服用抗生素時，就算皮膚的症狀改善也不可以自行停藥。因為抗生素必須將整個療程吃完，才能確保在體內有足夠的藥物濃度將細菌殺死，擅自停藥，可能造成細菌的抗藥性。

**類固醇：嚴重的發炎、過敏時才需要使用**

跟抗組織胺相比，類固醇口服藥的功能除了止癢，還多了降低發炎反應的功能。但輕微的皮膚科問題，醫師較不會優先使用口服類固醇。通常是在較嚴重的全身性過敏，病患眼睛、嘴巴都腫起來了，或如急性蕁麻疹、溼疹等情況，才會給予短期的類固醇的口服藥，通常會請病人三天後再回診評估。

至於有些說法認為，盡快緩解發炎反應才能減少患部日後的色素沉澱，皮膚紅腫發炎後引起的色素沉澱，重點還是因過度搔抓引起，如果患者本身可以克制，其實也不見得要吃藥。

# 抗生素是治痘痘的神器嗎？

皮膚科看診痘痘，不管嚴重程度基本上都會開抗生素藥膏讓你帶回家使用，但是你的痘痘真的需要抗生素來消炎嗎？如果你懂得痘痘生成的原因，就知道並不是每一種痘痘狀況都適用抗生素，對於不是發炎性、長膿包的粉刺，抗生素其實完全沒有效用。

每個人的臉部皮膚都存在細菌菌叢，無害的好菌會排擠引起疾病的壞菌，甚至會分泌天然的抗生素來對抗壞菌捍衛自己的生存空間，使壞菌無從坐大，因此大多數無害細菌也協助人體的防衛。而皮膚上的細菌以角質與皮膚分泌物為食物，事實上也等於幫助清潔皮膚。

就像腸道的有益菌群一樣，皮膚上的有益菌也能夠幫助保護我們的肌膚免受感染。有研究已經指出，過度清潔皮膚或濫用抗生素反而會引發皮膚問題，甚至造成感染。在皮膚沒有傷口的狀況下並不會出現任何發炎反應，但當皮膚有細微傷口時，細菌容易入侵導致發炎化膿。這就是我們為什麼常說，擠痘痘要交給專業人士處理，千萬不要自己動手亂擠，以免不當的擠壓，或是被沒有消毒的器具感染，反而讓痘痘發炎化膿更嚴重。

在臨床上我發現很多人都有錯誤觀念，以為解決了痘痘問題皮膚就會變好，其實對抗痘痘問題就像抵抗外來軍隊攻擊你的國家，細菌就是敵人，把敵人消滅了，並不代表國家也重建了。所以治療痘痘的重點不是早點將痘痘擠出來，消滅它，而是如何不留痘疤、痘坑，在痘痘風暴過後肌膚還能完好。而肌膚要重建，重點應該放在修護，解決痘痘問題其實只是治病而已，對皮膚重建沒有積極性的意義。碧盈美學要做的，不只是消滅掉你的痘痘，還要將肌膚修護調理好，變成不易長痘痘的膚質。

## 痘疤能不能消除？

### 以最佳的搭配運用，痘疤消除有方

痘疤其實就是纖維化的過程，因為皮膚組織發炎受損，嚴重程度深至真皮層，痘痘發炎化膿康復後，表面被結締組織、纖維組織所替代，正常組織被這些異常組織壓在下方，無法同步生長，於是皮膚表現呈現凹陷。這時無論使用再多、再好的保養產品，都無法使之再生長。

我經常用草皮的例子來說明，痘疤的形成就像是草皮上長時間壓了一塊很重的石頭，即使定期澆水施肥，被壓住的那一塊草皮因為吸收不到養分，又有堅硬的石頭壓著，就是長不出草皮。

以我的臨床經驗來說，痘疤問題若不想動用到醫學美容的方式來解決，靠處方式皮膚管理計畫，激發彈力纖維及膠原蛋白再生，進而平緩疤痕凹洞，也絕對可行，但需要的時間比較長。所以，針對痘疤的修復我會建議配合醫學美容來進行。因為利用雷射將疤痕組織去除，就像擊碎壓在草地上的磚塊，直接移除阻礙生長的異常組織後，再搭配處方式保養，讓肌膚再生，是效果最快最好的方式。

不拘泥在西醫、中醫的領域，取其醫學理論、技術中最精粹的部分，以最佳的搭配運用來達到最好的效果，這就是中西合療的好處。

■ 痘疤、痘斑形成

青春痘出現
發炎與細菌感染

感染深度

較淺          較深

皮膚產生黯沉
成為痘斑

除了顏色之外
容易留下疤痕
成為痘疤

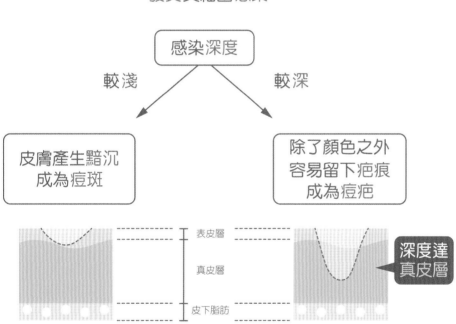

# 痘痘、粉刺可以自己使用粉刺夾處理嗎？

## 不留疤痕地解決痘痘問題，才是專業

自行擠痘痘這個動作，不僅容易傷害毛囊，造成毛囊結構破壞，不當地施力擠壓，可能會刺激發炎反應加劇，造成更嚴重的紅腫化膿症狀，導致未來痘疤產生機率增加。

擠痘痘最好交給專業人士，專業的手法技術、經過消毒的器械工具，才能確保在擠痘痘過程，不會增加傷口感染的風險。擠痘痘過程若是忽略了消毒清潔，很可能使痤瘡桿菌、金黃色葡萄球菌大量滋生，使傷口出現化膿現象，甚至引起蜂窩性組織炎，到時就不只是痘疤等級的困擾了。

而痘痘並非長出來的都要擠掉，哪種痘痘可以擠，哪種痘痘不能擠，一定要辨認清楚。基本上來說，痘痘有分發炎性跟非發炎性，發炎性的痘痘會紅、腫、痛，可能還會伴隨膿包，這時絕對不能手癢亂擠痘，以免發炎狀況更嚴重；而非發炎性的痘痘通常會分開放性跟閉鎖性兩種，所謂開放性就是有開口，看得到黑頭或白頭粉刺；而無開口的是閉鎖性痘痘，這類痘痘也不適合過度擠壓，需要用專業手法處理。而能夠不留疤痕的解決痘痘問題，正是碧盈美學的長項。

每個人都有擠內包粉刺的欲望，常會擠壓過度，提高留疤的風險。但如果是一般鼻頭上、額頭上的小粉刺，靠藥物與正確的清潔其實都會正常代謝。但是大顆的內包粉刺會建議請專業人士清理出來，因為光靠藥物代謝過慢。

讓你的肌膚一輩子有我們的專業照顧。

## 碧盈的不傳之祕：獨特的針清手法

　　來碧盈治療皮膚的客人，都會有個特別的體會，那就是，碧盈治療痘痘的效果特別好，特別快！往往別的美容院治療了三個月還弄不好的青春痘，到碧盈皮膚管理中心，用上碧盈的處方保養系統治療加上獨特的針清手法，不論是大小膿痘，甚至是密密麻麻的閉鎖痘，都可以很快看到痘退膚細的效果。

## 毛孔變大就回不去了

### 移除原因，啟動肌膚重建機制

毛孔變大後能不能再縮小，端看讓毛孔變大的原因能否移除解決，肌膚重建再生的機制若能啟動，縮小毛孔當然沒有問題。

毛孔粗大的第一個原因，是被油脂撐大的。皮膚油脂分泌旺盛的人，毛孔就像油田一樣，一直冒油的狀況下毛孔怎麼縮得起來，因此油性肌膚的人，一定有毛孔粗大的煩惱。第二個原因是因為老化，導致體內膠原蛋白與彈力蛋白慢慢流失，這個支撐肌膚的重要元素沒有了，就像地基鬆了一樣，毛孔周圍的肌膚開始出現鬆弛凹陷的現象，毛孔也因擴張而呈現水滴狀。此外，過度擠壓粉刺，使用不當的保養品、彩妝導致毛孔阻塞，或是熬夜、作息不正常、壓力大導致內分泌失調等，都是毛孔粗大的原因。

毛孔要縮小，控制油脂分泌是首要任務，降低皮脂腺活性、抑制毛囊角化；讓肌膚在穩定的環境下，恢復細胞再生功能，膠原蛋白、彈力蛋白的製造會增加，油脂分泌減少，毛孔縮小，才能使肌膚摸起來光滑有彈性。

# 毛孔的基礎知識

知己知彼，百戰百勝，這麼擔心毛孔粗大的美感問題，當然要來好好認識一下毛孔。毛孔就是毛髮的出口，毛孔裡有毛囊母細胞及表皮細胞，而影響毛孔甚鉅的皮脂腺，就位在毛囊旁邊，分泌出來的油脂其實對毛孔有保護機制，但若是分泌旺盛，不斷冒出的油脂也會撐大毛孔，因為毛孔除了是毛髮出口，也是油脂與角質的分泌出口。此外，毛囊被膠原蛋白與彈性蛋白包圍，負責支撐起毛孔的功用，可以想見，如果這兩個物質流失，就像是洞旁邊的土石鬆動了，洞也會跟著變大。

### ■ 皮膚切面與毛囊

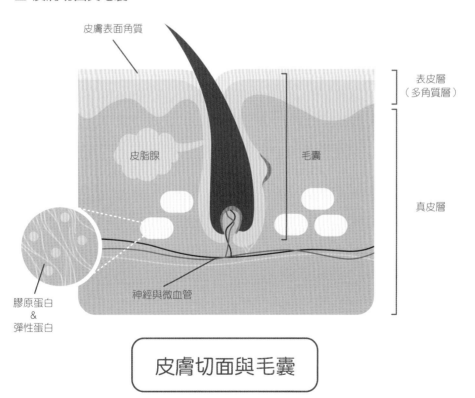

皮膚表面角質

表皮層
（多角質層）

皮脂腺

毛囊

真皮層

膠原蛋白
&
彈性蛋白

神經與微血管

皮膚切面與毛囊

# 多洗臉，毛孔才不會阻塞？

## 重視皮膚屏障，科學護膚

過度清潔並非好事，這個動作會破壞皮膚表層的皮脂膜，喪失皮膚留住水分的能力，破壞皮膚屏障。洗臉的次數及方式應該視個人膚質、作息、環境、氣候等有所調整，避免長時間過度清潔而破壞了皮脂膜的平衡。

基本上，敏感性肌膚會建議使用溫和的洗面乳即可；如果是油性、老化肌膚，有上妝習慣，或長時間在戶外活動，則建議做深層清潔，搭配潔膚霜或卸妝產品，清潔效果才能徹底。

洗臉不僅清潔產品的使用方式很重要，水溫也很重要。冬天就算再冷，也不建議使用太熱的水洗臉，過高的溫度會將皮膚表面油脂過度洗淨，降低皮膚保溼能力，破壞皮膚屏障，加上熱水會導致微血管擴張，對敏感性肌膚而言無疑是雪上加霜。而水溫過低會讓毛孔收縮，污垢較難洗淨，也不是最佳選擇。最適當的水溫是比體溫稍低一點的微冷水，不管男生女生都適用。

# 毛孔大小是天生的，無法改變？

## 肌膚重建計畫，讓毛孔回到出生時的細緻

　　看看同年齡的人，有人肌膚好到毛孔幾乎看不見，有人卻毛孔粗大到讓人灰心，忍不住想問，毛孔大小是天生的，無法改變嗎？改變毛孔大小，當然有可能。觀察小嬰兒的肌膚，細嫩到毛孔幾乎看不見，可知每個人天生的毛孔狀態，基本上都是細緻無瑕，只不過因為每個人後天的膚質、體質不同，讓肌膚有了不同的變化。透過肌膚再生的原理來調養肌膚，激發皮膚自我的修護能力，讓肌膚重新煥發生命力，進而改變膚質、改善毛孔大小，堪稱保養的最高境界。碧盈的肌膚重建計畫，根據每個人的膚質狀況，有計畫地做皮膚管理，運用處方式保養，讓每個人的毛孔都能回到出生嬰兒般的細緻。

因為你我他不同，
保養方式當然都不同。

# 肌膚

## 敏感肌無法改變為健康肌膚？

### 透過肌膚重建，找回健康態、年輕態

敏感性肌膚的問題通常是慢性、反覆，且長期性的發作，尤其是在季節交替、冷熱溫差大的時候，皮膚狀況會變得更不穩定，著實令人困擾。這是因為皮膚的表皮層較薄，對內外的各種刺激防禦能力不佳，或是肌膚屏障被破壞，容易產生過強或過久的皮膚不適反應，例如皮膚癢、泛紅、脫屑、粗乾、紅疹、刺痛等。

從肌膚敏感現象及原因來說，敏感性肌膚可分為先天性及後天性兩種。普遍被討論的異位性皮膚炎，就是先天性敏感肌的代表。這是一種慢性、反覆發生、奇癢無比的皮膚過敏反應。因為表皮層薄，皮脂層的製造功能不佳，皮膚缺乏良好的保護與修復力，因此容易受內外環境變化讓肌膚產生不適，皮膚癢是最常見的症狀，因為無意識抓癢而抓破皮的狀況，也經常發生。

原本沒有敏感性體質的人，也會變成敏感性肌膚！人的膚質與體質是可以改變的，後天人為因素造成的敏感性肌膚，多半是不當的保養導致角質層受損，當角質層變薄了，不僅肌膚水分會快速流失，提供給肌膚的防護力也會降低，外部的刺激物質也更容易入侵。

敏感性肌膚到底能不能變為健康肌膚，答案當然是肯定的。從我的臨床來看，透過肌膚重建再生、飲食作息、生活習慣等全面配合，絕對可以讓肌膚重回健康、年輕、光滑細緻的肌膚。

傳統保養的核心是「為了皮膚快速進步我必須做點什麼？」
而處方式保養的哲學是「為了皮膚快速進步我應該不去做什麼？」

## 敏感？過敏？傻傻分不清楚

不是皮膚出現紅、癢、乾燥、脫屑、紅疹、刺痛等現象，就一概以為自己是敏感性肌膚，敏感跟過敏的成因不一樣，認清皮膚真正狀況才可以對症保養。

敏感是因為皮膚屏障受損，容易受到外界刺激誘發出肌膚不適症狀，這些誘發因素包括環境變化、內在情緒問題、接觸到的物質等，初期會覺得皮膚乾燥粗糙，有脫皮現象，後期就會出現紅癢、紅疹等現象。而過敏則是因為體內免疫系統對特定的物質敏感，常見過敏原像是花粉、海鮮、特定金屬、香料等，當肌膚碰到過敏原會導致體內產生防禦反應，進而釋放出組織胺等致過敏質，於是出現腫脹、發熱、搔癢或紅疹等症狀。

敏感性肌膚的治療是需要長期調理的，正如我所講過的，敏感性肌膚可以變為健康肌膚，只是需要時間和耐心。而過敏，可以選擇口服藥物或者外用抗炎類產品，只需要短暫的治療，最重要的是避開過敏原。

# 引起搔癢的食物有哪些？

引起搔癢的是一種叫作組胺的物質。它存在於真皮中的肥大細胞，受到刺激後會被分泌出來刺激神經，從而引起搔癢。會引起搔癢的食物有以下幾種。

## ● 富含組胺、膽鹼的食物

〔魚貝類〕花蛤、鳳尾魚、墨魚、沙丁魚、蝦、蟹、鰈魚、三文魚、青花魚、秋刀魚、鱸魚、章魚、鱈魚、金槍魚
〔肉類〕豬肉、歐式醃製臘腸
〔穀類〕蕎麥
〔蔬菜類〕芋頭、竹筍、松茸、蕃茄、菠菜、茄子
〔酒類〕葡萄酒、啤酒

## ● 具有組胺游離作用的食物

魚貝類、蛋白、草莓、蕃茄、巧克力

除了上述食物外，酒精類、香辛料、滾燙的菜、重口味的菜等也會因促使了血管擴張而引起搔癢。乾燥皮膚、特應性體質、蕁麻疹體質的人，應適度攝取這些食物。另外，抓撓皮膚會導致肌膚失去屏障功能，從而加劇乾燥，而且用力抓撓還可能會引起炎症。

## 敏感肌膚也可以美白？

### 循序漸進，朝白皙美人境界前進

肌膚敏感是因為屏障受損，自我癒合再生功能變差，因此無法抵禦外界的刺激，很容易紅癢刺痛，皮下微血管比較明顯，所以肌膚敏感的人臉上看起來總是紅紅的，不白皙不透亮。敏感肌也有美白的需求，但前提是，要先讓肌膚健康起來。

敏感性肌膚想要美白，首先要面對的是解決敏感問題，透過處方式保養的皮膚管理計畫，調製最適合你膚質的保養方案，重建肌膚應該有的年輕態，恢復肌膚自我修護、再生的能力。肌膚敏感時不能立即進行美白，這個道理就像為了要身體健康，運動訓練是必須的，但當你正在重感冒，全身虛脫無力，去做重量訓練，反而傷了身體。

當敏感性肌膚健康後，臉上的潮紅褪去，肌膚看起來也較白皙，這時如果想再更上一層樓加強美白，當然可以開始調養，朝白皙美人的境界邁進。

# 眼袋可以消除嗎？

## 了解眼袋類型，對症解決

眼袋其實可以分為四種類型：真性眼袋、假性眼袋，臥蠶與淚溝。

### 真性眼袋

在我們的眼睛下方有一些脂肪，脂肪前面有一層筋膜，稱為眼眶隔膜。真性眼袋的成因便是因為眼眶隔膜鬆弛，其後方的脂肪往前膨出，又受地心引力影響，整體便往前又往下凸出。概念有如水壩及水的關係，壩體結構變得脆弱，後面的水就往前跑。另外，脂肪問題也可能合併皮膚和肌肉的鬆弛，這些症狀都會影響真性眼袋的形成。

### 假性眼袋

假性眼袋的成因有許多種，大多跟生活習慣有關。主要成因分為水腫與遺傳。水腫與生活作息不良、熬夜、喝酒以及吃重口味食物有關，因為水腫造成的假性眼袋患者，他們的眼下脂肪通常是正常的，主要是堆積在脂肪前的水在作怪，讓你的眼下看起來腫腫的。

另一成因則是遺傳，這類型患者則是先天眼部周遭肌肉發達，他們在做表情時容易發現他眼睛下方鼓得特別明顯，這便是因為肌肉所造成的假性眼袋。

### 臥蠶

我們眼睛周圍有一圈眼輪匝肌，它控制著我們開闔眼的功能，而臥蠶是最靠近眼睛下緣的眼輪匝肌部分，有些人的這部分特別發達，像一條蠶寶寶掛在眼下，其本體為肌肉，和脂肪無關。有臥蠶的人在笑時會讓人覺得有種可愛以及楚楚可憐的感覺，與眼袋完全不同。

### 淚溝

在正常的人體解剖構造上，眼眶骨邊緣會有一條像韌帶的結構，它會往前沾黏到我們的皮膚，這是每個人都有的正常結構，但隨著年紀增長及老化，人類眼眶骨邊緣的軟組織可能萎縮或下垂，造成韌帶去搭皮膚的痕跡變得明顯，形成了淚溝。

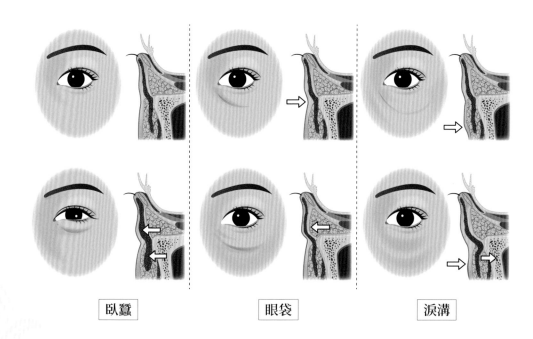

臥蠶　　　　眼袋　　　　淚溝

# 眼袋手術分為內開手術和外開手術

## 內開手術

此種方式看不到疤痕，手術方式是先將患者的眼瞼翻開，把切口切在結膜，手術時間通常很快。其最大好處就在於恢復速度快，平均大概 3 ～ 10 天就可恢復得不錯，也不太會有明顯的腫脹。

內開手術缺點在於，只能單純處理脂肪問題，但因為眼袋有時候還包含皮膚及肌肉鬆弛等問題，假設患者是屬於有多種成因時，便不適合做內開手術。

## 外開手術

因多種原因（脂肪、皮膚及肌肉鬆弛等）而形成眼袋的患者適合做外開手術，手術方式是將刀口切在眼瞼下緣處，其最大優點就是除了處理脂肪問題外，也能同時解決皮膚與肌肉鬆弛的問題，甚至營造出眼周肌膚較緊實的外觀。

但其缺點有下列幾項：

（1）一定會有疤痕，但疤痕的部分因為手術位置本身就有一些自然的皺褶和細紋，所以對於大部分無疤痕體質的患者，大概 1 個月後疤痕就會變得自然許多。

（2）恢復期較長，大概 2 個星期之內大部分的腫脹會消除，但要完全消腫有些病人可能會需要 1 個月。

（3）外開手術導致眼瞼外翻的機率相較內開來得高，根據醫師表示，目前報告顯示，所有眼袋手術導致眼瞼外翻的機率大概是 6%，其中以外開手術的機率較高。

# 扁平疣該如何治療？

扁平疣（verruca planae / flat wart），屬於一種病毒疣，是因為表皮感染人類乳突狀病毒（Human papilloma virus, HPV）後，不正常增生所導致的皮膚疾病。搔抓病灶會使其擴散，所以有時可看到病灶沿著搔抓路徑，呈現線狀排列。

一般在治療上，可選擇冷凍治療（cryotherapy）來處理，但扁平疣最常發生於臉部，偶發於四肢，數量常常很多，可高達數十個病灶，冷凍治療有其局限，因為扁平疣的體積往往很小，有可能某些很小的病灶被遺漏，而皮膚在冷凍治療後，有可能會出現發炎後色素沉澱（post- inflammatory hyperpigmentation，俗稱「反黑」）的現象，在 3 ～ 6 個月之後才會逐漸消失，此外也可能發生色素脫失的情況。除了冷凍治療，亦可使用外用 A 酸（retinoic acid）或外用 imiquimod（咪喹莫特）等藥物治療。

治療扁平疣的 imiquimod（咪喹莫特）是一種外用藥，具有免疫調節劑的功能，可刺激第七型類鐸受體（toll-like receptor 7, TLR7），屬於類鐸受體致效劑（TLR agonist），進而調節刺激皮膚的免疫反應，讓身體的免疫系統來攻擊受到病毒感染的表皮細胞。Imiquimod 於 1997 年 2 月獲得美國 FDA 核准後（FDA Application No.〔 NDA 〕 020723）正式上市，迄今已有超過十年的治療經驗，雖然有其療效，亦可能伴隨副作用，大部分的副作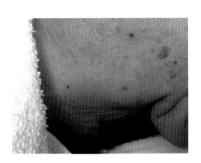用多為局部的接觸性皮膚炎（不算常見），少數患者則可能出現流行性感冒的症狀，例如肌肉痠痛、疲倦、頭痛，以及腹瀉，但這類情況相當罕見。

# 脂肪粒該如何處理？

其實脂肪粒真正的名字叫栗丘疹。它既不是痘痘，也不是粉刺，就是一種白白的像脂肪的東西，反正弄不掉！它的形成原因其實紛呈不一。

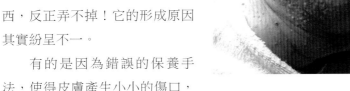

有的是因為錯誤的保養手法，使得皮膚產生小小的傷口，而皮膚在自我修復的過程中會在傷口基礎上形成一個白色的小囊腫。也有因為毛孔開口肌膚過度角化，皮脂被角質覆蓋之後無法排出，就形成一粒一粒白色的小疹。

脂肪粒不會給你帶來任何的不適感或者對肌膚健康有特別大的傷害，但是真的非常影響美觀！「身體內分泌失調」、「化妝品太油」、「飲食油膩」、「肌膚沒有徹底清潔乾淨」、「毛孔堵塞」、「眼周肌膚易缺水、乾燥、疲勞」等都是促使脂肪粒產生的原因。

長出來的脂肪粒，「使用眼霜+正確按摩」可以讓脂肪粒消下去。使用眼霜的正確方法：順著內眼角、上眼皮、眼尾、下眼皮做順時針按摩。輕輕的不要有拉扯感，3～5圈就可以了。一定要讓養分均勻滲透。如果出現局部過多養分，而另一部分又缺乏養分，就很容易引起肌膚內分泌、代謝紊亂，誘發脂肪粒。

# 汗管瘤該如何處理？

汗管瘤屬於良性的皮膚腫瘤，由分化良好的汗管細胞所構成。汗管瘤一般不會有痛或癢的感覺，少數案例可能伴隨癢感，尤其在流汗的時候。汗管瘤對健康並無影響，但會影響外觀。

## 產生汗管瘤的原因，與眼霜無關

由於汗管瘤多發生於眼部周遭，導致許多人誤認為汗管瘤的成因，源自使用的眼霜或過度「營養」的保養品、化妝品，這是錯誤的觀念！

汗管瘤通常是偶發性的，某些案例具有家族性顯性遺傳傾向。少數汗管瘤患者，同時會有其他疾病，例如 Brooke-Spiegler syndrome，而且唐氏症患者發生汗管瘤的機率也比較高。根據美國的統計，大約有 1% 的人口會產生汗管瘤。通常女性比男性更容易出現汗管瘤，而且在青春期就可能發生，隨著年齡增加，汗管瘤的數量也可能逐漸增多。

## 汗管瘤臨床特徵

汗管瘤是由許多顆皮膚顏色的小丘疹組成，表面可能呈現圓形或平滑狀，有時會因汗液堆積，而略呈半透明狀，有些患者會覺得天氣變熱時，汗管瘤也會略為增大，常被一般人誤認為「小肉芽」、「油脂粒」、「脂肪粒」。汗管瘤最常見的發生位置在眼睛四周，包括上、下眼皮與臉頰上半部；除了眼周區域，也可能出現在前胸、腹部、腋下、生殖器官。傳統上常以鉺雅各或二氧化碳磨皮雷射（激光）治療，但這種傳統治療方式，如果磨太深，會形成凹洞，磨太淺又容易在已發生的汗管瘤病灶部位復發（因為汗管瘤的根部並沒有被去除），這類治療方法的汗管瘤雷射傷口也不好照顧；若以電燒方式去除，可燒灼到汗管瘤根部，但容易有疤痕；也有人使用化學藥物燒灼，甚至以中醫等傳統醫學方式處理，但效果也不理想，皆容易發生凹洞疤痕的後遺症。但由於汗管瘤的發生原因與體質有關，雷射治療並無法預防新生的腫瘤，所以即使經過雷射治療，日後仍可能再出現新長的汗管瘤病灶組織。

# 美白困擾

## 美白不可能白過天生的膚色？

### 肌膚重建計畫，找回原來的膚色與膚質

　　一白遮三醜，白皙透亮的肌膚向來是東方女性心中美麗肌膚的指標。東方女生喜歡美白的表現，都反應在保養品的系列產品

■ 黑色素含量多寡的皮膚差異

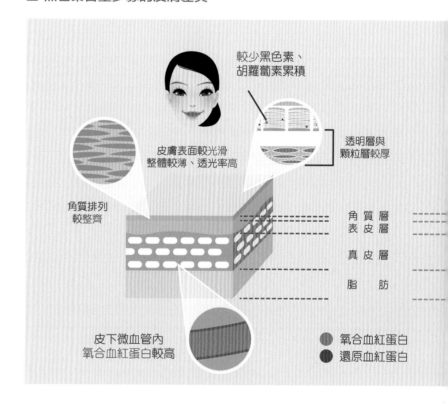

較少黑色素、胡蘿蔔素累積

透明層與顆粒層較厚

皮膚表面較光滑整體較薄、透光率高

角質排列較整齊

角質層
表皮層
真皮層
脂肪

皮下微血管內氧合血紅蛋白較高

● 氧合血紅蛋白
● 還原血紅蛋白

上，尤其是東方國家的品牌，對美白成分的研究與開發，遠勝對健康小麥膚色比較偏好的西方國家品牌。

美白的原理，就在減少麥拉寧黑色素細胞形成、抑制麥拉寧黑色素細胞的活化，同時加速表皮細胞新陳代謝以排除黑色素。

長年、長時間曝露在外，接受紫外線及氣候溫度洗禮的臉部肌膚，就算保養再好，比對起剛出生時的嬰兒肌膚，膚色都較黯沉失色。看看你身體大腿內側及上手臂內側，這兩處地方最少照射到紫外線，也最少曝曬在乾冷環境中，基本上與你天生的膚色與膚質相去不遠。想知道自己可以白到什麼程度，看看大腿內側的膚色與膚質，就是你天生最原始的標準。

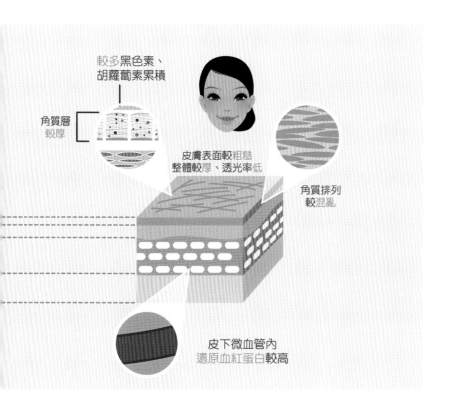

較多**黑色素**、**胡蘿蔔素**累積

**角質層** 較厚

皮膚表面較粗糙 整體較厚、透光率低

角質排列 較混亂

皮下微血管內 還原血紅蛋白較高

# 保溼對美白有幫助嗎？

## 肌膚含水量充足，美白事半功倍

　　皮膚擁有天然的保溼能力，除了角質層外，由皮脂腺分泌的一層薄薄的皮脂膜可以護住水分，角質形成細胞也會分泌出一些保溼因子，儲存在角質細胞之間。當角質層保持一定的含水量，就能維持溼潤，此時肌膚看起來光滑明亮；如果保溼工作沒做好，角質無法自然順利代謝，皮膚就會出現黯沉、乾燥、粗糙的現象，當皮膚角質層的含水量減少到 10% 以下，甚至脫屑的問題也會接著而來。肌膚亮不起來，自然離美白境界越來越遠。

　　肌膚缺水，是美白效果不佳的原因。提供肌膚充足的水分，使角質保持一定的含水量，當肌膚新陳代謝好，美白保養也可以事半功倍。基本上，肌膚的保護工作做得好，比肌膚保養還重要，只要能確實做到清潔、保溼、防曬，讓肌膚不缺水、不曬黑，就能將膚況維持在還不錯的狀態。

# 黑眼圈可以消除嗎？

## 種類不同，要對症下藥

眼睛下方黑色黯沉的部位叫作「黑眼圈」，分為「咖啡色黑眼圈」、「青色黑眼圈」、「鬆弛型黑眼圈」三種。對付黑眼圈，應對症下藥。但多數時候，這幾種會同時出現。

### 診斷黑眼圈

測試：請輕輕地將眼睛下方的皮膚向下拉。

咖啡色黑眼圈——咖啡色會稍稍變淺。

青色黑眼圈——青色不會消失。

鬆弛型黑眼圈——皮膚伸展性很好，黑影變淡。

### 針對咖啡色黑眼圈，要用美白產品

有色斑或色素沉著的皮膚如果呈現咖啡色，那麼黑眼圈也會呈現咖啡色。其形成原因是紫外線、眼妝刺激、卸妝產品摩擦等引起的炎症和色素沉著。建議使用美白化妝品進行護理。要想預防咖啡色黑眼圈，必須採取萬無一失的紫外線預防措施，同時也要保護皮膚免受摩擦等刺激。

用化妝品遮蓋咖啡色黑眼圈時，建議使用黃色系的遮瑕膏，並且要選擇容易推開的質地。使用時，輕輕地點在皮膚上，再輕輕地推勻，注意不要摩擦皮膚。

### 針對青色黑眼圈，要促進血液循環

下眼瞼的皮膚比較薄，能透出靜脈血的顏色，所以黑眼圈呈現青色。在睡眠不足、壓力、體寒、年齡增長等因素的影響下，這種類型的黑眼圈會越發明顯。暫時性的症狀可以通過睡眠或按摩來改善，但如果是年齡增長導致皮膚變薄，進而加劇症狀，那就只能通過加強膠原蛋白密度的醫療照射等方法來治療。用化妝品遮蓋青色黑眼圈時，要選擇容易推開的橙色系遮瑕膏。使用時，輕輕地點在皮膚上，再輕輕地推勻。注意不要摩擦皮膚。

### 針對鬆弛型黑眼圈，要保溼 & 抗氧化

用手指稍微下拉眼睛下方的皮膚後，如果黑眼圈消失，那就是「鬆弛型黑眼圈」。隨著年齡增長和光老化，膠原纖維和彈力纖維開始退化，導致肌膚鬆弛，從而引起鬆弛型黑眼圈。如果透明質酸或皮下脂肪量減少，造成凹陷，生成黑影，那麼黑眼圈就會變得更加明顯。另外，臉頰變瘦，支撐兩頰的組織鬆弛後，會形成淚溝紋。為了阻止肌膚變得越來越鬆弛，請做好充分的保溼工作，採取完善的紫外線預防對策和抗氧化對策。如果想讓鬆弛型黑眼圈變得不明顯，建議選擇醫療照射治療和透明質酸注射治療，前者可以緊緻鬆弛的肌膚，後者可以填充凹陷。

# 脖子上出現的咖啡色小疣是什麼？

## 肌膚衰老現象之一

如果頸部或前胸出現了小疣狀的東西，那可能是「軟垂疣」。軟垂疣是皮膚的一種良性腫瘤，又名軟纖維瘤。早的話，30 歲左右就會開始出現，並隨著年齡的增長而漸漸增多。通常是皮膚的摩擦等原因造成的，也被認為是肌膚衰老現象之一。顏色有淡橙色、褐色、黑色，濃度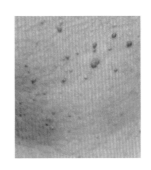不一，有深有淺。尺寸為 1mm 到幾 mm，有些只是凸起一點點，有些則凸成疣狀。常見於臉部、頸部和前胸。腋下和比基尼線上也經常可以看到，所以它可能出現在身體任何一個部位。請仔細檢查一下自己的身體。

# 色斑可以一下就祛掉嗎？

## 別相信幾天就可以祛斑的神話

對愛美人士而言，最痛苦的就是臉上布滿了大大小小的黑斑了，洗也洗不掉，擦也擦不乾淨，任憑買了最好的保養品，做了最貴的療程，卻只見斑點越來越多，越來越擴散。

其實斑真的很難一下就祛掉，不可能你用了什麼神奇的產品幾天斑就沒了，別相信這樣胡謅的話！為了讓大家能夠對色斑有清晰的認識，簡單說明色斑的類型。

## 影響色斑形成的因素

色斑的形成有先天遺傳因素，比如遺傳性雀斑等，它成於胎兒期，大約在 6 ～ 12 歲時開始形成，18 歲左右達到高峰。

然後就是後天因素，日曬、妊娠、內分泌紊亂等，其中最主要的還是紫外線，因為不論是遺傳性的雀斑還是後天的曬斑、老年斑，都會被紫外線誘發或者加重。進而加重遺傳性雀斑、誘發繼發性色斑、加重炎症後色素沉著，總之就是讓沒斑的長斑，有斑的更深。

## 你的斑點屬於哪一種？

　　色斑是目前人類面部甚至累及身體軀幹上常見的一類面部色素增多性疾病。一般分為雀斑、黃褐斑、老年斑、牛奶咖啡斑、色素性毛表皮痣、炎症後色素沉著過度、太田痣、褐青色痣等多種類型。而除了年紀大了身上會長出的老年斑以外，其實我們最常見的色斑是雀斑、炎症後色素沉著過度和黃褐斑。

### 雀斑

形成原因：遺傳基因

人群：白皮膚

部位：鼻部和兩頰

表現：散點狀的色素斑，褐色為主，一般顏色較深雀斑形成的原因多為遺傳基因和紫外線共同作用的結果，是太陽的照射使黑色素分泌加快，讓原本不明顯的雀斑顯現。這也是為什麼雀斑多數長在臉上的原因。

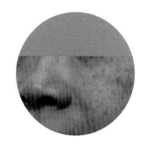

### 黃褐斑 （肝斑）

形成原因：激素、劣質的化妝品護膚品、紫外線

人群：孕婦、深膚色

部位：面部顴骨，額頭、鼻子及口周或胸部

表現：對稱性分布，棕色或者灰褐色的不規則團塊，表面皮膚光滑，沒有皮屑。黃褐斑也稱肝斑，主要因為女性內分泌失調、精神壓力大、各種疾病、日曬紫外線以及體內缺少維生素引起。黃褐斑與雀斑的區別點在於黃褐斑是後天生成的，被稱為斑中之王。無法徹底根治，但堅持治療會有很好的改善和控制作用。

### 褐青色痣（顴骨母斑）

形成原因：先天的、不良化妝品、婦科疾病、卵巢功能紊亂

人群：多為女性

部位：顴骨附近

表現：數個褐色或黑褐色的斑點相簇呈圓形、類圓形或不正形對稱地分布。褐青色痣是一種先天但非遺傳性的色素性疾病，因為色素沉積在真皮層，所以也叫真皮斑。症狀跟雀斑、黃褐斑有點像，但雀斑是黃褐色小點狀分布，黃褐斑則是塊狀、片狀。

### 炎症後色素沉著過度

形成原因：慢性炎症或急性炎症過後的色素沉著

人群：任何人群

部位：只分布在長過炎症爆發過的區域

表現：多為淡褐色、紫褐色至深黑色不等的痘印

　　痘印產生的原因是發生痘痘時候的皮膚炎症，也是色素沉積的產物，所以也包含在色斑中。而痘印一般分為兩種情況，新鮮的呈紅色，時間久而不消的為褐色。時間越久越難以消除。

　　斑和皺紋一樣，屬於護膚中需要長期堅持、長時間才能體現出效果的工程，若想通過塗抹護膚品的方式來解決色斑問題，一定要記住「保護比保養更重要」。

## 曬斑

曬斑屬於較淺層的色斑，跟長期受紫
外線照射有直接關係。紫外線刺激皮膚後
會大量產生黑色素，長期照射下色素聚積
起來而成。形狀多呈淺咖啡色或深型咖啡
色的圓形或橢圓形斑點，顏色平均，通常
是獨立一顆存在。與雀斑相比，曬斑的顏色

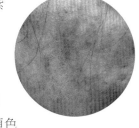

較深，而且面積亦較大，通常見於側面近眼尾或顴骨的位置，因
為那是較常接觸到陽光的部位。由於它屬表層色素，如果接受激
光治療，前兩三天很大機會會出現結痂情況，只要讓它自然脫落
便可。切記，激光治療後防曬的保養還是必要的，否則色素又有
可能再聚積起來。

## 老人斑

很多人以為出現在老人家面上的色斑
就是老人斑。其實真正的老人斑跟一般色
斑是有分別的。一般色斑的外形都是平滑
的，但老人斑卻是凸起的斑塊。老人斑又
名脂溢性角化病，跟其他色斑一樣，都是
長期受紫外線影響，導致表皮層的角化細胞產

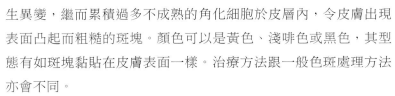

生異變，繼而累積過多不成熟的角化細胞於皮層內，令皮膚出現
表面凸起而粗糙的斑塊。顏色可以是黃色、淺啡色或黑色，其型
態有如斑塊黏貼在皮膚表面一樣。治療方法跟一般色斑處理方法
亦會不同。

### 太田母斑

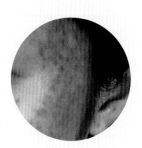

通常從嬰幼兒開始，會漸漸的在眼睛四周的皮膚及眼白出現深藍色的斑塊，隨著年紀增加，顏色會加深，範圍也會擴大。等成年後，太田母斑的進展會穩定下來，這就是我們俗稱的胎記。

另外，顴骨母斑與太田母斑比較大的差異在於，顴骨母斑一般會分布於兩側，集中於顴骨位置；而太田母斑則多分布在單側，通常分布在三叉神經的眼分支或是顎分支處，常見於眼白、眼周、臉頰或額頭，範圍較廣泛，雖然太田母斑大多分布在單側，不過還是有少部分的病人分布在雙側。

### 痘疤斑

就是痘痘發炎所引起產生的，沒這麼簡單結束，痘疤又可分成黑痘疤、紅痘疤、凹痘疤、凸痘疤。

黑痘疤：痘痘發炎的黑色素沉澱所形成，屬於過渡性的痘疤。

紅痘疤：是在長痘痘的地方因細胞發炎引起血管擴張，於痘痘消下去後並沒有恢復回去，形成一個個平平紅紅的暫時性紅斑痘疤。

凹痘疤：囊腫型痘痘最容易產生凹痘疤，皮膚會因為發炎反應，產生叫 MMP 的物質，這些物質會分解掉皮膚的膠原蛋白，當發炎的毛囊旁邊的膠原蛋白都被分解掉之後，就會形成凹疤。

凸痘疤：屬於發炎後纖維化所引起。

| 分類 | 種類 |
|------|------|
| 位於表皮層 | 雀斑、肝斑、曬斑、顴骨斑 |
| 位於真皮層 | 部分肝斑、顴骨斑、固定型藥物疹、發炎後色素沉澱、太田母斑 |
| 與黑色素無關的色素沉澱 | 刺青、重金屬沉澱、藥物造成的色素沉澱 |
| 其他 | 痣、老人斑 |

"

師法大自然的處方思維，

以教育的胸懷及用心的態度照顧每一位顧客，

這就是道法自然。

## 保養品
使用觀念

# 別人用好的保養品，我用一定也好？

## 沒有一個保養品可以適合每一個人

愛美的女性，喜歡跟姐妹們分享好用的、好買的，但是，姐妹用得好的保養品，你用真的也好嗎？答案是不一定，因為每個人的膚質、作息、工作、生活環境、飲食習慣都不同，而這些都是決定保養品使用的條件。

先不管先天膚質的差異性，就算再好的姐妹朋友，也會因為工作性質不一樣、辦公室座位不一樣、愛吃的東西不一樣、睡覺的時間不一樣等各種條件，潛移默化地影響肌膚當下的狀況。在我的眼中，沒有一個保養產品是可以適合每一個人，而每個人的肌膚所需要的，也不會是一瓶產品而已。為每個人的肌膚私人訂製最適合的皮膚管理計畫，是我的堅持，因為唯有如此，才能全方位面對你的肌膚需求，真正解決你的肌膚問題。

# 價格貴、成分稀有的產品絕對是最好的產品？

## 正確選擇與使用保養品更重要

這個問題就像在問，得到米其林肯定的餐廳一定是最好吃的嗎？當然不一定，因為每個人喜歡的口味不同，對料理的看法與需求不同，米其林餐廳的品質當然值得肯定，但它卻不一定是你覺得最好吃的料理。同樣道理，若用價格來判斷保養品是不是越貴越好用，答案當然是不一定。你只能說高價保養品的品質有一定水準，但它的成分與作用不一定適合每個人，使用起來的效果也不一定覺得最好。

全世界都在教你買買買，卻沒有人教你怎麼用。高價的成分，不見得適合所有肌膚，產品的選擇和正確使用方法也非常重要，抗老的成分用在痘痘肌上，反而會讓痘痘嚴重發作，適得其反。再好的藥材，沒有好的藥方，也發揮不出應有的功效，就像人參再好，也要視體質服用。

我首創的處方式保養，就是結合中西療法，辨證論治，根據天時地利與人和，設計出一套只屬於你自己的皮膚管理計畫，這才是真正的私人訂製。

## 保養品使用的效果不錯，就一直用不要換？

### 因應環境需求改變保養方式

會覺得保養品的效果好，是因為這瓶保養品的成分效用，剛好適合你現在肌膚的需求。然而環境會變、天氣會變、行為會變，你的肌膚狀況也會跟著變，試問一瓶清爽不油膩的乳液，適合從夏天一直使用到冬天嗎？可能在溫度開始偏低的秋天，你的肌膚就會發出抗議了。所以就算這瓶保養品使用起來的效果特別好，也會有需要更換調整的時候。

別小看環境或是行為的變化，他們影響肌膚甚鉅，一個寒流來襲就可能讓你從膨彈的膚況變成乾癢脫屑，一定要隨時因應環境需求改變保養方式。

# 噴霧水是可以隨時使用的保溼好物？

## 小心肌膚表皮水分被帶走

不少人喜歡隨身準備一瓶噴霧化妝水，覺得燥熱的時候噴一下，覺得肌膚乾燥的時候也噴一下，涼涼的非常舒服，感覺也幫肌膚補充了不少水分。如果這是你的保養習慣，應該會感覺到，剛噴完噴霧化妝水肌膚是很溼潤沒錯，但是沒多久便越來越乾，甚至比原來膚況更乾。

這是因為噴霧化妝水 99% 的成分都是水，剛噴上感覺當然溼潤，但很快的，當水分在臉上蒸發時，會一起將皮膚表皮的水分和油脂帶走，反而讓皮膚變得更乾。這個道理跟冬天覺得嘴唇很乾，忍不住舔嘴唇來保溼一樣，雖然短時間內嘴唇溼潤了，但當水分蒸發後，唇部反而越來越乾，甚至會造成龜裂現象。

### ■ 水分蒸發帶走皮膚表皮水分油脂

## 容易乾燥的皮膚，需要神經醯胺

　　你是否為皮膚乾燥而傷透腦筋呢？無論多努力皮膚都會乾燥的人，建議將正在使用的保溼霜換成含神經醯胺的保溼霜，或在日常護理中添加含神經醯胺的美容護膚品。神經醯胺是保溼力度最強的保溼成分，是細胞間脂質的代表，具有大力夾住水分，並將其牢牢鎖住的特性。特應性皮炎患者的神經醯胺含量僅為普通人的三分之一，所以他們尤其需要補充神經醯胺，改善肌膚的屏障功能。特應性體質的人，即使沒有患特應性皮炎，最好也使用含神經醯胺的化妝品，它還有助於改善特應性體質兒童的皮膚乾燥問題。如果採取這些對策後，皮膚仍然乾燥，那麼除了保溼護理以外，可能還存在別的問題，請諮詢皮膚科醫生。

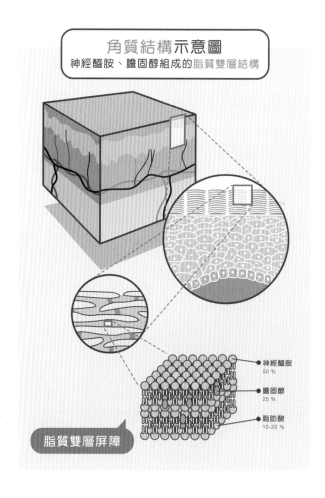

角質結構示意圖
神經醯胺、膽固醇組成的脂質雙層結構

神經醯胺 50 %
膽固醇 25 %
脂肪酸 10-20 %

脂質雙層屏障

**化妝品中含有神經醯胺的名稱**

　　化妝品成分一覽表中的「生物神經醯胺」、「腦苷脂」、「馬鞘脂」都是來自動物的天然神經醯胺。「神經醯胺1」、「神經醯胺2」等是利用酵母製造出來的類神經醯胺。除此之外，還有利用米糠製造出來的植物性神經醯胺和利用石油原料製造出來的合成神經醯胺。它們屬於神經醯胺，功能幾乎是一樣的，所以無論選擇哪種都可以。

處方保養思維，恢復皮膚應有的生命力。

# 面膜可以天天敷嗎？

## 小心造成肌膚的負擔

面膜的原理是利用覆蓋在面部的短暫時間，暫時隔離外界的空氣與污染，使皮膚的毛孔擴張，促進新陳代謝，肌膚的含氧量上升，肌膚排除皮膚代謝產物和多餘的油脂，面膜中的有效成分滲入肌膚表皮的角質層，從而使皮膚變得柔軟、光亮有彈性，改善表淺的面部問題。

皮膚本身有自己的新陳代謝以及再生防禦的能力。只是隨著年齡的增長，這種能力會越來越差，導致肌膚的問題產生以及慢慢衰老。

敷面膜雖然可以緩解肌膚乾燥、暗黃、控油等突發性的問題，但只是暫時的緩解、並不能標本兼治。

### 專家建議

＊居家的面膜 2 ～ 3 天使用一次最佳！

＊處方保養的居家面膜是全配方精華液面膜，每次使用 8 ～ 10 分鐘，無需清潔直接護膚。

＊不要只使用一種功效的面膜，因為面部幾乎都存在綜合性的皮膚問題，比如有的皮膚又乾又油、有的皮膚有皺紋還有斑……，可以根據自己的情況選擇多款面膜搭配使用。

＊選面膜要根據自己的生活習慣、工作環境、皮膚的類型、想要達到的效果、面膜的功效、面膜的成分等因素來決定。

**處方式保養技術專業提醒**

　　天天敷面膜反而會給肌膚造成負擔，降低新生成角質層的防禦能力，這樣皮膚會比較脆弱、懶惰，長此以往，皮膚便會產生依賴，使肌膚失去原有的再生防禦能力、代謝異常，這樣會產生更多的皮膚問題，比如痘痘、粉刺、紅疹、敏感、脫屑、加速衰老等！

一心一意為顧客當下的皮膚設計保養方案，更要一心一意為顧客長遠的皮膚保養思考。

## 皮膚容易對化妝品過敏，
## 不適合化妝？

### 化妝品過敏的真相

　　天氣乾冷時期，皮膚特別容易乾燥，從而導致肌膚的屏障功能變弱，所以很多人會對化妝品過敏。抱怨「塗口紅的部位腫起來」、「刷眼影的地方變紅、發癢」時，人們常說是對化妝品過敏了。這裡的「過敏」指的是接觸性皮炎，由直接接觸皮膚的物質引發，常伴有發癢、發紅、溼疹等症狀。

　　化妝品過敏大致分為兩類。一類是「過敏性接觸皮炎」，是體內抗體排除異物（變應原）時產生的。化妝品中含有的金屬成分（著色劑等）、化妝工具採用的金屬成分（鍍鎳等）、保存劑、表面活性劑等各種成分都可能引起這種皮炎。而且即使症狀消失了，再次接觸到相同物質時，還會發生相同的反應，這是它的一個特徵。

　　另一類化妝品過敏是「刺激性接觸皮炎」，它的產生原因是外部刺激物接觸皮膚過多、過久，導致皮膚對刺激物的吸收變多。常發生在因摩擦皮膚產生的刺激和乾燥等因素導致肌膚屏障功能減弱的部位，長時間連續使用面膜也是一大誘因。這種化妝品過敏不是對化妝品成分的過敏反應，而是使用者皮膚狀態改變或錯誤的化妝品使用方法造成的過敏。因化妝品過敏來診所就診的人大部分是刺激性接觸皮炎。因此，皮膚過敏時，首先要考慮是自己的皮膚狀態是否乾燥受損或化妝品的使用方法不當。而且，盡早治療皮炎，阻止惡性循環十分重要。

## 保護比保養更重要

　　陽光照射是目前公認因外界刺激造成的老化因素，這就是為什麼我要反覆特別強調保護皮膚的重要性。大部分人在選擇保養品時往往只考慮保溼與美白的產品，事實上，防曬才是維持年輕健康肌膚的最重要因素。

# 正確防曬方式

## 防曬只要有做就有效？

### 勤補擦才能有效防曬

每天擦 1 次防曬品，戴帽子、撐陽傘、穿長袖，就認為防曬工作已經做得滴水不漏，這是錯誤的觀念。因為紫外線會從地面折射，曬黑你的肌膚，而防曬品擦在臉上約 2 個小時後就會因蒸發或被汗水流失掉，讓皮膚失去保護力。所以我建議，一天最少5 次防曬，至少每 2 個小時補擦一次。長時間待在戶外更要加強補擦、至少 1 小時補擦一次，這樣才能給肌膚提供完整的保護力。所謂完美的防曬，是懂得依照狀況適時補擦，防曬補擦得越勤，毛孔越細緻、美白調理效果越好。把你喜歡的防曬產品放在車裡、桌上、包包裡，隨時補擦。

## 防曬不分四季

很多人以為秋冬沒有明顯的陽光就不需要防曬，秋冬雖然沒有強烈陽光，經常是陰陰的天氣，但根據全年紫外線強度的紀錄，顯示會曬傷肌膚的紫外線 B 最高峰是在夏天，冬天會減少到 20%，但是紫外線 A 隨季節變化的幅度不大，幾乎一整年都維持相同功率照射在地球上。也就是說，如果你因為沒有強烈陽光而不做防曬，等於敞開大門迎接紫外線 A 來破壞皮膚的膠原蛋白、彈性纖維蛋白，慢慢走向肌膚提早老化的命運。防曬不分季節，一年四季都要防曬。

業精於勤而荒於嬉，就算是陰天、下雨天都應該做好防曬。紫外線對肌膚的傷害不只是曬傷、曬黑，也會造成皮膚角質化，使皮膚裡結合水的透明質酸含量減少，造成皮膚乾燥，讓肌膚的質感變得粗糙。因此不分天氣狀況都要防曬，防曬是愛美女人一輩子最重要的保養工作。

## 室內也有防曬需求

就算在室內，天色也都暗了，但你身處鹵素燈或是投射燈光下，也還是要防曬。在光源中，以鹵素燈及投射燈的紫外線最強，幾乎是日光燈的 20 倍，所以認為在不見日光的室內完全不用防曬，這個觀念要改一下，在餐廳剛好坐到鹵素燈直射的位置，還是拿出防曬乳液補擦一下為佳。講究的話，應該是只要有光的場合，不分室內戶外都應該做好防曬。當然，盡量選擇在上午十點前，下午四點後，紫外線稍弱時外出，也會降低紫外線對皮膚的刺激。

## 男女老少都需要防曬

有一些人不喜歡白皙膚色，就不做防曬，這個觀念也是錯誤的。紫外線不僅會造成肌膚曬黑和老化，更是造成皮膚癌的因素之一。對戶外工作者，或是喜歡戶外運動的人來說，防曬就是保護皮膚的健康，避免造成皮膚癌的最佳武器。

根據統計，大部分人在 20 歲之前已經接受這輩子照射紫外線總量的 80% 了，從小做好防曬，不僅可以避免皮膚癌，更能輕鬆的維持肌膚白皙年輕。所以，防曬是男女老幼都要做的功課，防曬不僅是皮膚美麗的問題，更是皮膚健康的問題。

## 肌膚衰老的原因中，紫外線占 80%

你知道嗎？經常曝露在紫外線下的人和幾乎不接觸紫外線的人，肌膚衰老的速度有很大的差別。年齡的增長當然也是肌膚衰老的一個原因，但 80% 都是由紫外線造成的。某皮膚科學家在醫學雜誌上發表的研究中提到，美國一位卡車司機在 28 年的駕車生涯中，左側一直受到太陽光的照射，結果只有左半邊臉出現了明顯的光老化症狀，肌膚漸漸變得粗糙，並刻滿深深的皺紋。病理檢查的結果發現左側皮膚真皮內彈力纖維的構造發生了變化。所以，讓我們徹底隔絕紫外線，延緩肌膚衰老吧！

■ 紫外線不同的穿透力與影響

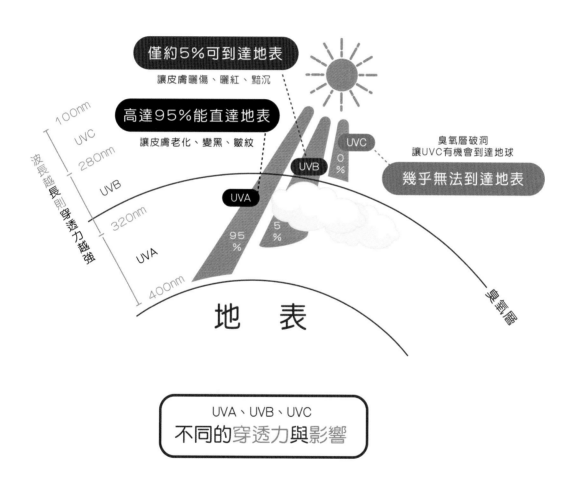

## 紫外線 ABC 好好記

紫外線有 ABC 三種,每一種對肌膚的傷害都不一樣,常常搞不清楚記不起來?劉博士教你一種記憶法,搞懂之後再也忘不了。

### *紫外線 A

A 就是「Aging 老化」,紫外線 A 對肌膚的傷害,主要表現在老化上面。 UVA 可以穿透臭氧層、穿透雲層跟玻璃窗,深達皮膚的真皮層,促進色素細胞活化,破壞膠原蛋白、彈性蛋白,雖然傷害不會立刻顯現,但是默默催生著黑斑、皺紋等肌膚老化現象。

### *紫外線 B

B 就是「Burning 曬傷」,紫外線 B 對肌膚的傷害,可以短時間內造成皮膚曬紅、曬傷。UVB 可以穿透臭氧層,但是會被雲層阻擋,這就是為什麼秋冬和陰天比較不會曬傷肌膚,因為紫外線 B 無法透過雲層照射到地面。過量照射紫外線 B 會造成紅腫、脫皮、曬傷。

## ＊紫外線 C

C 就是「Cancer 癌症」，紫外線 C 對肌膚的傷害，會提高罹患皮膚癌的機率。UVC 會被臭氧層吸收阻擋，當地球臭氧層出現破洞，讓紫外線 C 有機會穿透到地球表面，就會提高罹患皮膚癌、白內障等疾病的機率。美國最新研究指出，紫外線在高空中通過駕駛艙擋風玻璃和機身窗戶滲進機內，受太陽紫外線影響，機師和機組人員患皮膚癌的機會是一般人的兩倍，是嚴重職業災害。

|  | 侵害程度 | 傷害表現 | 穿透能力 |
|---|---|---|---|
| 紫外線 A | 深達真皮層 | 肌膚老化 | 可穿透雲層、臭氧層、玻璃 |
| 紫外線 B | 表層侵害 | 皮膚曬紅曬傷 | 可穿透臭氧層，但是會被雲層阻擋 |
| 紫外線 C | 表層侵害 | 提高罹患皮膚癌機率 | 會被臭氧層吸收阻擋 |

防曬霜
選擇

## 防曬產品係數越高防曬力越好？

### 對抗不同紫外線，防曬係數也不同

雖然防曬品的防曬係數越高，延緩肌膚曬黑曬傷的時間就越長，但還要視自己的生活型態和膚質來選擇，並且搞懂防曬係數的意義，才能使用到最適合自己的防曬品。

想要對抗紫外線 A，避免肌膚老化現象提早報到，要看的防曬係數是 PA（Protection Grade of UVA）以及 PPD（Persistent Pigment Darkening）或☆☆☆☆的數值。

● PA 值是日本保養品的 UVA 防曬係數，PA+ 表示可延緩 2 ～ 4 倍曬黑的時間；PA++ 表示可延緩 4 ～ 8 倍曬黑的時間；PA+++ 表示可延緩 8 倍以上曬黑的時間。

● PPD 是歐洲保養品的 UVA 防曬係數，PPD2 ～ 4 是輕度防護，PPD4 ～ 6 是中度防護，PPD6 ～ 8 是高度防護。

● 而「美國 FDA 最新頒布的 UVA 防護標示」是用☆☆☆☆來表示，1 ～ 4 顆☆，分別代表最低到最高防護程度的防護力。

　　想要對抗紫外線 B，避免肌膚曬紅、曬傷、曬黑，就要看 SPF（Sun Protection Factor）的數值。 SPF 數字的大小，代表可以延緩肌膚被曬紅的時間，而非阻擋紫外線效果的數字。基本上來說，SPF15 的防護力約是 93%，可以延緩 15 倍的曬傷時間，SPF50 的防護力約是 98%，可以延緩 50 倍的曬傷時間，但並不是防曬係數越高越好，因為防護力基本上相去不遠。要注意的是，每個人體內黑色素的數量不同，曝曬陽光下被曬紅的時間也不一樣，如果真不清楚自己會被曬傷的時間，正如我之前講過的，把握在室內不見光的環境，每 2 小時補擦一次，在戶外的環境下，每 1 小時補擦一次的原則。

## 防曬品有物理性與化學性

　　防曬品發揮防曬作用的原理分為物理性防曬與化學性防曬。

　　物理性防曬原理，可以想像皮膚表面就是盾牌一樣，當陽光照射在皮膚上，就會反射、散射、折射回去，避免皮膚受到紫外線傷害；化學性防曬原理，就像打太極拳一樣，當紫外線抵達皮膚表面時，會被轉化為熱能釋放，進而達到防曬效果。

　　物理性防曬為白色，主要的成分為鋅或鈦的氧化物，原理就是在肌膚上均勻塗抹物理性防曬劑的顆粒，形成一層均勻的保護層，能有效透過反射、散射、折射阻擋陽光紫外線，物理防曬劑通常是一些不溶性粒子或粉體，粒子的直徑大小直接影響其紫外線屏蔽作用。二氧化鈦與氧化鋅為白色粉末狀，所以物理性防曬劑使用後會在皮膚上呈現白色塗層，粉末會停留在角質最外層，穩定性較高，較不刺激皮膚，敏感肌膚和嬰幼兒建議還是使用純物理性防曬劑較不容易引起皮膚過敏反應，物理性防曬抗 UVB 能力強，但對 UVA 防護力較弱。

　　化學性防曬的原理是利用化學防曬劑吸收紫外線，使其轉化為熱量

再釋放出來，而達到防曬的效果，化學性防曬霜質地較為輕透，化學性防曬劑擦在肌膚上會滲透至肌膚裡，有多種成分，比較容易引起皮膚過敏刺激反應。

碧盈的防曬品，暢銷幾十年，為了使用上的質感與防曬效果，結合兩種防曬品的優點，屬於複合型防曬。清爽不油膩，不堵塞毛孔，不造成痘痘，容易吸收，全天候多次補擦肌膚也無負擔；無需卸妝，溫和不刺激，不含有任何激素藥物、抗生素、鉛汞重金屬等不良成分，嚴重的敏感肌和嬰幼兒照常能用，傷口也可用，長期堅持使用可以保護皮膚、保溼、美白、再生、抗老，讓肌膚越來越年輕白透。

忽略防曬的結果，可不只是變黑、曬傷而已，長期忽略防曬的重要性，小心皮膚癌找上門，這個結果人人都有可能發生，就連帥氣的「金剛狼」休‧傑克曼也躲不過。六度復發皮膚癌的休‧傑克曼分享他的經驗，拜託所有人都要聽他的話，出外活動要注意防曬，因為沒有做好任何防曬措施，真的不知道會發生事情。

### ■ 物理性與化學性防曬的作用原理

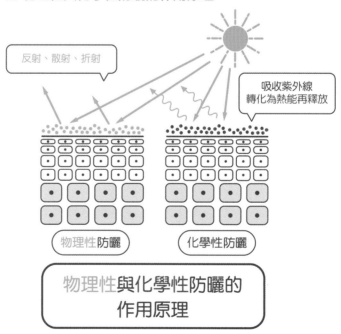

處方式保養隨時掌握三個角度的一致思維；

天地人合的思考，

適當合理的保養方案規劃，

及培養顧客正確認知的態度。

醫學美容 保養觀念

## 醫學美容幾乎沒有副作用，一定可以變美？

### 任何醫療行為都伴隨著相對的風險

　　醫學美容是一種藉由手術、藥物、醫療儀器、生醫材料等醫學技術所進行的醫療行為。大多數的醫學美容治療，採用的是「破壞後新生」的原理，像是雷射治療、果酸換膚等，都是藉由表皮或真皮的部分破壞，讓皮膚重新代謝新生。

　　不管任何醫療行為都伴隨著相對的風險，更何況是以破壞為前提的治療原理，多少都存在一定的副作用，例如紅腫、脫屑、結痂、返黑等。這些副作用的嚴重程度因人而異，恢復得好不好也與術後照顧有關係。但是有些副作用一時間是看不出來、長期累積的，例如類固醇的濫用，造成難以根治的激素依賴性皮炎。

　　當皮膚有發炎過敏現象去皮膚科就診，多數醫師會馬上開立含有激素的藥物來達到緩解症狀，消紅退腫，這個治療方式短期內並無不妥，但可怕的是多數人到處看診，當每一家診所都開類固醇給你使用，也不管你使用多久、之前是不是有長時間使用的病史，不知不覺就造成用藥時間過長，於是用藥部位發生紅斑、丘疹、搔癢、觸痛、膿皰等症狀，激素依賴性皮炎就這樣發生。

# 什麼是激素依賴性皮炎？

激素依賴性皮炎一般是指因長期反覆不當使用外用激素引起的皮炎。

由於長期外用皮質類固醇（以下簡稱「激素」）製劑，患處皮膚對該藥產生依賴性，這種由激素外用導致的皮膚非化膿性炎症，稱之為激素依賴性皮炎，簡稱激素性皮炎，也有叫皮質激素依賴性皮炎。

這種依賴性具有如下特點：用藥後原發病迅速改善，但不能根治，治療持續數週或數月後，一旦停藥 1 ～ 2 日內，用藥部位發生紅斑、丘疹、觸痛、裂隙、膿皰、脫屑、疼痛、搔癢、灼熱、緊繃感，原發病惡化；當重新外用皮質激素後，上述症狀很快減退，如再停用，反跳性皮炎迅速發生，而且比以前更嚴重。

患者為避免停藥後反跳性皮炎再發的痛苦，完全依賴於塗用皮質激素，有的塗用原來的製劑，效果不佳，必須更換作用更強的激素外用製劑或加大用量，縮短用藥間隔時間，以求症狀的改善。藥量的多少與病程的長短成正比，病程越長，用藥越多，病情越重。

激素依賴性皮炎具體症狀和體徵如下：

**1.** 激素依賴性皮炎體徵：面部皮膚發生程度不同的萎縮、變薄、發亮、瀰漫性潮紅或皮膚紅斑，或毛細血管擴張、局部腫脹、乾裂脫屑，或痤瘡樣皮疹或酒糟樣皮炎或皮膚萎縮紋或毛囊炎性膿皰。

2. 激素依賴性皮炎症狀：自覺局部搔癢，燒灼樣疼痛，緊繃脹感或乾燥不適，上述症狀遇熱加重（如日曬、熱浴、熱蒸氣熏蒸）、遇冷減輕。

3. 停用皮質類固醇後原發病加重，同時有明顯的激素依賴性症狀，即局部應用皮質類固醇後病情迅速改善，一旦停藥，少則 1～2 天，多者 3～5 天，則發生比之前更嚴重的激素反跳性皮炎，甚至誘發細菌、真菌感染。

4. 同一部位，長期外用皮質類固醇激素，皮膚出現黑斑、皺紋、酒糟鼻樣皮炎、痤瘡樣皮炎、皮下彈性纖維斷裂導致皮膚鬆弛、毛細血管嚴重擴張、微小血管瀰漫性擴張，尤其是在遇冷熱等刺激後皮膚發紅、發癢、發脹，敏感性增高、早衰、毛孔粗大、異常增多增粗的汗毛等現象。

5. 皮膚形成依賴後，一旦停用激素產品，1～5 日內，輕者會出現脫屑、敏感、紅、腫、癢、痛等現象；重者用藥部位皮膚脆弱、緊繃、皮膚發生顯著紅斑、色素沉著，萎縮、萎縮紋、毛細血管擴張、丘疹、皸裂、生屑、乾燥脫屑、小膿瘡、燒灼感、觸痛、奇癢，甚至流黃水、緊張感、遇熱發紅等症狀，患者不得不繼續恢復使用激素，對激素的依賴性較為明顯；當再用該產品，上述症狀和體徵會很快減退，如再停用，皮炎症狀又迅速再次發作，而且逐漸加重，且效果下降，需加大使用量或更換更強效激素產品。

6. 嚴重者，激素可經皮吸收進入血液循環，引起醫源性糖尿病、高血壓、骨質疏鬆、肝、腎臟損害，肥胖、月經紊亂、老年人原有心血管病加重等疾病。

以上就是激素依賴性皮炎有哪些症狀的說明，至於具體到每

個人身上，每個人的症狀又不完全一致，如果想確診激素依賴性皮炎，一定要去正規醫療單位診斷，切記不能以激素治療激素依賴性皮炎，那樣會更嚴重。

總結，激素皮膚表現在皮膚表層的症狀：

1. 會造成皮膚早衰、毛孔粗大；皮膚出黑斑、皺紋
2. 皮膚出現異常增多、增粗的「汗毛」
3. 痤瘡樣皮炎，酒糟鼻樣皮炎
4. 由於皮下彈性纖維斷裂導致皮膚鬆弛，毛細血管嚴重擴張（紅血絲）
5. 皮膚敏感性增高（繼皮膚使用激素後，更容易出現過敏了）
6. 微小血管瀰漫性擴張，尤其是在遇冷熱等刺激後皮膚發紅、發癢、發脹

激素依賴性皮炎患者平時的生活飲食對病情也有很大的影響。患者在平時的生活方面需注意以下幾點：

首先，激素依賴性皮炎患者往往會感到面紅髮熱，此時不要為了減輕灼熱感而對其進行冷敷，這會使得灼熱症狀加重，難以消退。

第二，患者在飲食方面需要忌口，酒、牛羊肉、海鮮、韭菜茴香、辛辣食物、油膩食物都是禁忌。

第三，激素依賴性皮炎遇風、遇冷、遇熱都會加重，夏季時，患者需注意防曬和適當補水保溼。

第四，患者要放寬心，保持良好的心態，煩躁、憂慮、緊張都會對病情的好轉造成不利影響。

## 醫學美容儀器越新型，做出來的效果越好？

### 醫師的執行經驗更重要

很多去做醫學美容的人，常會問醫師「這是最新技術嗎？」「這是第幾代的機器？」事實上，最新不一定就是最好，每項醫學美容儀器的功能不盡相同，需要依每位消費者的狀況及需求來決定。且醫師對醫學美容儀器的執行經驗也非常重要，因為每個人肌膚的耐受能力不一樣，能量打少了沒有效果，打多了肌膚可能受到傷害，需要施打多少能量完全需要藉由醫師的經驗來評估。

## 醫學界、醫美界的抗老努力

　　人類皮膚的老化進程是不可避免的，即便我們注意了防曬、保溼，不管有多麼不情願，皮膚都會隨著歲月的流逝而出現種種問題如皺紋、鬆弛、色斑、黯沉等，難道衰老真的無可救藥了嗎？我們只能乖乖坐以待斃嗎？以下為大家歸納一下目前醫學界、醫美界是怎樣努力抗衰老。

■ 衰老示意圖

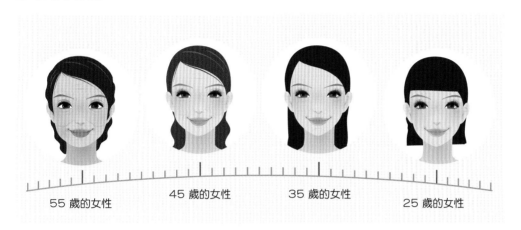

衰老示意圖

## 抗衰老護膚品，你了解多少？

日光中紫外線的反覆照射，是環境中影響皮膚老化的最重要因素；因此抗皮膚老化的化妝品通過保溼和修復皮膚屏障功能、促進細胞分化、增殖，促進膠原合成、抗氧化、防曬等，達到抗老化目的。

研究證實，局部外用抗氧化劑如維生素C、維生素E、維A酸、氨甲環酸等，能夠保護皮膚免受紫外線損傷，它不僅能減輕外在的光老化，還能夠延緩內在的衰老，並且在發揮這些作用的同時不會產生不良反應。傳統中藥黃芩苷、人參皂苷、綠茶提取物茶多酚中的主要活性成分沒食子兒茶素沒食子酸脂（EGCG）、來自於葡萄籽的原花青素（OPC）、大豆低聚肽及橙皮苷（HPD）等，都具有顯著的抗氧化損傷作用，都可被用於皮膚光老化防護的化妝品中。

「抗衰老」，已成為全球臉部護膚產品中使用率增幅最快的三大產品之一，精華、面霜和眼霜成為目前市面上抗老產品的主要類型，價格不菲。很多產品都宣稱加入了「某某提取物」、「細胞因子」等高大上的成分，或者運用了某種高科技……。總之，越說得高大上，消費者越容易買帳，還樂此不疲。那麼，抗衰老護膚品的祕訣在哪裡呢？其實，這些神奇的抗衰成分，一旦遇到科學，就會揭開其神祕的面紗，展現出其簡單易懂、樸實的內涵。

### 維A酸——最有效、最廣泛使用的抗衰老成分

皮膚科的一大法寶——維A酸，不僅是痤瘡治療的一線藥物。維A酸等還具有鎮定消炎、促進膠原蛋白的新生、促進細胞生長、抗光老化、除皺、抑制黑色素、改善膚質等多種功能。雖然不一定被業餘的美容圈所認可，但可以說是皮膚科醫生眼睛裡的「萬能成分」。

### 維A酸產品

維A酸的濃度從 0.025% ～ 0.25%，濃度越高越容易刺激皮膚。外用維A酸引起的刺激性反應被稱為「維A酸皮炎」，有發乾、刺痛、發紅或者脫皮等表現，可以與硅油或保溼霜混用降低濃度減少刺激，這樣二者取長補短，達到保溼除皺的雙重功效。另外，維A酸具有光敏性，所以建議避光或每晚使用，白天主要是以保溼和防曬為主。一般來說，30歲左右的女性，肌膚開始有肉眼可見的老化表現、細紋的時候，是開始使用維A酸類產品的適合年紀，能有效減緩皮膚老化的進程。

### ■ 維 A 酸分子結構 V.S. 視黃醇分子結構

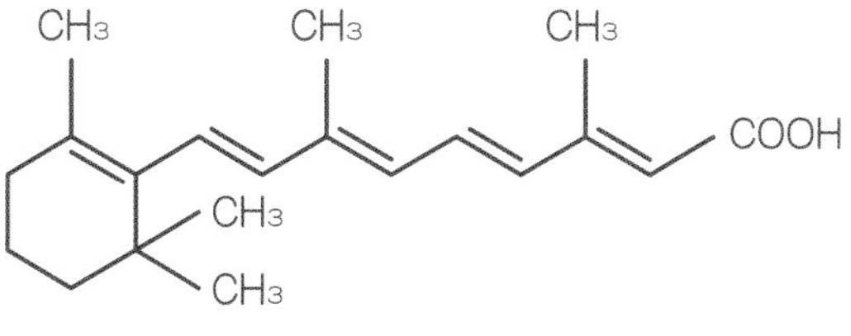

維 A 酸分子結構

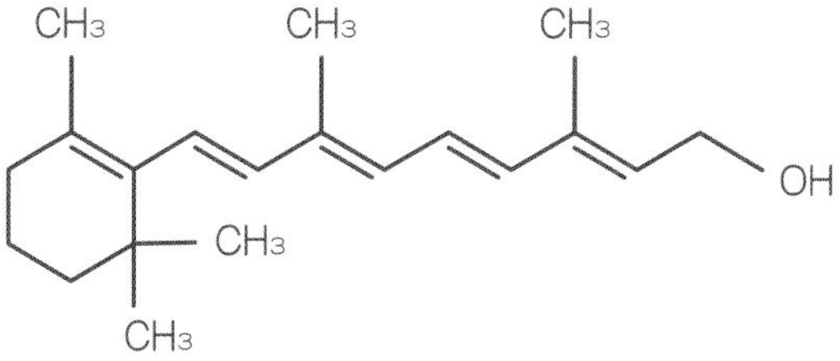

視黃醇分子結構

　　但是，需要提醒大家的是，對於大眾消費者來說，在要求有效的同時，更希望護膚品是安全的。因此，考慮到某些人對維 A 酸的刺激敏感性，在所有相關的護膚品中，均避免使用活性維 A 酸，建議使用其衍生物──視黃醇，雖然效能只有維 A 酸的 1/20，但長期使用，也會有很好的抗衰老效果。

　　初次使用視黃醇產品也是這樣，需慢慢開始，可以一週一次，再逐漸增加使用次數；沒有異樣可以 3 天一次；如果出現不適，停止一段時間再開始使用，使肌膚慢慢適應。同時，配合保溼和防曬的護膚品一起使用，可以達到事半功倍的效果。外出時最好使用 SPF > 50、同時有防護長波紫外線功能的防曬霜。

**果酸——保溼美白、嫩膚抗衰**

　　果酸換膚，相信大家都不陌生，果酸對閉合性粉刺和痘印有很好的效果，這裡我再談談它的嫩膚美白作用。

　　果酸是從各種水果或優格等天然物質中提煉出來的有機羥基酸，學名叫 $\alpha$-羥基酸，簡稱為 AHA，其對皮膚的作用可分為表皮效應、色素效應與真皮效應三方面。

1. 表皮與色素效應

　　果酸可造成角質形成細胞間橋粒瞬間剝脫，加快角質層細胞脫落，避免不正常的角質堆積，使皮脂腺分泌物排泄通暢，可以去除粉刺、祛痘、淡化痘斑等。同時，果酸還可促進表皮細胞的活化與更新，並促進黑色素顆粒的排除，降低黑色素生成，減輕色素沉著。

2. 真皮效應

　　果酸破壞了角質細胞之間的連接，啟動損傷重建機制，激活真皮成纖維細胞合成和分泌功能，使膠原纖維、彈性纖維致密度增高，皮膚更加緊實，富有彈性。促進膠原蛋白和醣胺聚醣的合成，與其他細胞間基質的合成，促進真皮釋放出更多的透明質酸，增強皮膚的保水能力，使皮膚柔潤。果酸還具有抗氧化的能力，可以用來防止皮膚老化、減少細紋；整體提升膚質，提亮膚色，使肌膚更加細膩光滑。

　　一般來說，果酸相對分子量小，水溶性和滲透力強，容易被皮膚吸收。護膚品中加入的果酸濃度要比醫學上使用的低，一般在 10% 以下，因此更安全，長期使用也是有一定效果的，為減少其刺激性，需注意配合保溼霜、防曬霜一起使用。對於某些敏感肌膚、皮膚較乾燥的人來說，要小心使用。但是，和維 A 酸一樣，由於其輕度剝脫作用，使用後也需要注意防曬，防止色素沉著的產生，還要避免同時使用維 A 酸類產品，防止刺激加重。

■ 果酸換膚示意圖

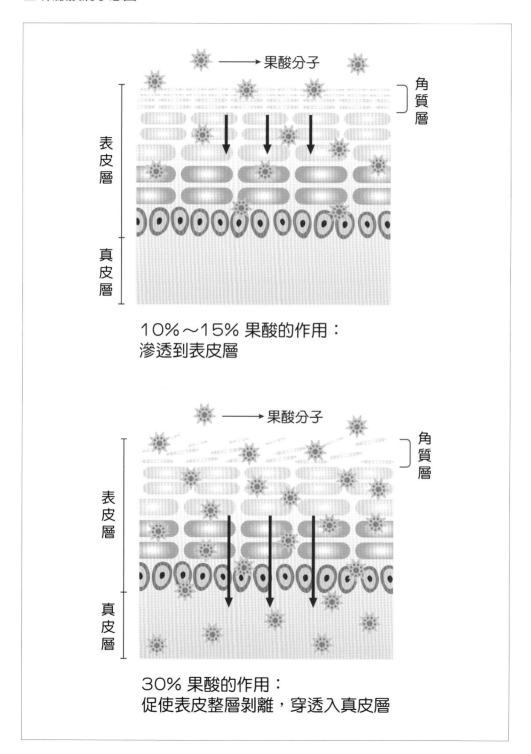

10%～15% 果酸的作用：
滲透到表皮層

30% 果酸的作用：
促使表皮整層剝離，穿透入真皮層

### 抗氧化劑——保護細胞免受損害、預防衰老

很多植物提取物如綠茶提取物、白藜蘆醇等，或者各種酶類如超氧化物歧化酶、谷胱甘肽過氧化物酶、輔酶 Q10 以及維生素 E、維生素 C 等、都是強有效的抗氧化劑，也是我們經常在護膚品成分表裡可以看到的。這類成分能抵抗自由基造成的細胞多種成分的損害，可修復受損肌膚、延緩皮膚衰老。

### 保溼劑——修復皮膚屏障功能

保溼劑如神經醯胺、透明質酸、乳酸、尿囊素等，都是常用的護膚品活性成分，還有一種稱「煙醯胺」，是維生素 B3 的一種形式，可以幫助抗氧化和舒緩肌膚，還有修復、淡化色斑的功效。局部使用煙醯胺可以增加皮膚中神經醯胺和游離脂肪酸的水平，防止皮膚失水，刺激真皮微循環，具有很好的保溼、淡斑的效果。

### 防曬霜——預防衰老的必備品

在肌膚保養中，防曬是基礎。因為人體全身內臟在自然走向衰老時，皮膚因為風吹日曬一輩子，難免刻上歲月的烙印——光老化。所以，如果不做好防曬，使用再好、再昂貴的抗衰老護膚品都是徒勞。

# 光子嫩膚──顯著改善皮膚質地

所謂「光子」，就是強脈衝光── intense pulse light，波長 500 ～ 1200nm，脈衝光、強光、IPL、OPT 等均是光子的不同稱呼，我們通常簡稱為 IPL。

可以選擇作用於皮下色素或血管，分解色斑，閉合異常的紅血絲，同時 IPL 還能刺激皮下膠原蛋白的增生，具有良好的皮膚收緊、去除皺紋、改善皮膚質地、縮小毛孔的作用。

## 光子嫩膚的美容效果

1. 清除或淡化各種色斑和老年斑。
2. 去除面部紅血絲（毛細血管擴張）。
3. 撫平細小皺紋。
4. 收縮粗大毛孔，增厚肌膚膠原層，增強皮膚彈性。
5. 顯著改善面部皮膚粗糙的狀況，改善皮膚質地。

## 光子嫩膚要點

1. 每次治療約 15 ～ 20 分鐘，5 ～ 6 次為一個療程，每兩次治療之間間隔 3 ～ 4 週，術中僅輕微疼痛。
2. 術後敷面膜補水，再外敷冰袋降溫。
3. 治療後可以常溫清水潔面，不要用洗面乳，使用保溼護膚品，最好是醫學護膚品。
4. 術後防曬，SPF > 30 的物理防曬劑。
5. 術後可以正常工作、用電腦，無需休息期。避免日光曝曬、紫外線照射。

24 小時內不要使用刺激性的護膚、化妝品。建議使用清水潔面，口服維生素 C、維生素 E 等。

大多數人在第一次做光子嫩膚治療之後，常見的皮膚問題就開始得到改善，以後隨著治療次數的增加，皮膚上的瑕疵會日益減輕，使皮膚變得更加光滑而富有彈性。

## 射頻、超聲刀、熱瑪吉、微針療法

這些都是時下最流行的美容手段，具有很好的提升和緊緻臉部、四肢、腹部等多種部位的作用。射頻、微針比較適合略微年輕些的皮膚，超聲刀除了抗衰老之外，對臉部減脂、塑形也有很好的效果，熱瑪吉則能夠刺激膠原蛋白持續再生。

### 射頻

射頻能夠造成真皮中的輕微熱損傷，刺激膠原新生和膠原收縮，從而產生新的彈性纖維和膠原纖維，發揮即時拉緊皮膚的效果，同時促進脂肪分解，達到減脂的目的。此外，射頻除皺的同時，還能改變皮膚的質地，使皮膚變得更加細膩、光滑。大多數人一次治療後，都會產生皮膚緊實、被提升的感覺，且比其他非侵入性治療安全性更高，能有效保護皮膚表皮層。射頻除皺術後，因新生的膠原蛋白一直持續產生，皮膚天天都會有改善，一個療程治療結束後，皮膚更加光滑、緊實，彷彿年輕了好幾歲，在術後 4 ～ 6 個月達到「顏值」高峰，效果可以持續幾年。

主要作用

1. 改善皺紋：尤其對額橫紋和眼周皺紋效果良好，對身體上的妊娠紋等萎縮紋也能有效祛除。

2. 緊緻皮膚：射頻美容能夠用於抽脂後的皮膚緊緻，並有效去除雙下巴、嬰兒肥、蝴蝶袖、妊娠紋和大小腿塑形等。

**超聲刀**

　　超聲刀又稱極限音波拉皮，它是採用高能聚焦超聲波技術，直接刺激皮膚筋膜層及膠原層，有效地解決皮膚下垂及鬆弛問題。超聲刀的每單一能量點在皮下作用的溫度可到達 65 ～ 70℃，是目前所有非侵入式緊膚儀器溫度最高的，能確實有效地刺激膠原蛋白增生，從而達到完美的緊膚效果。而且超聲刀最深突破至皮下筋膜──基底筋膜層（以往只有手術拉皮才可達到），約 3 ～ 6 個月治療效果越趨明顯，達到由內而外、均勻且全面的拉提效果。超聲刀主要抗衰老功效為深層提拉，一次超聲刀治療可改善皮膚彈性、緊緻臉部輪廓；拉提及收緊兩頰皮膚；消除頸紋，防止頸部老化；改善下巴線條、減退木偶紋，面部表情自然靈動；收緊額頭的皮膚組織，提升眼眉線條；改善膚質，讓肌膚細膩、潤嫩、彈性有光澤。

主要作用

1. 皮膚鬆弛：眼袋、法令紋、嘴角紋、雙下巴。

2. 眼皮下垂：收緊額頭皮膚、提升眼眉。

3. 皺紋：額頭、眼睛、嘴唇四周的皺紋。

4. 頸紋：頸部老化。

5. 改善皮膚彈性及輪廓緊緻。

6. 提高細胞活性從而使皮膚膚質得到改善。

### 熱瑪吉

熱瑪吉是通過射頻電場形成聚焦面，在皮下 2.6 ～ 3mm 的深度，強烈撞擊真皮組織，促使大量膠原蛋白對其進行修復，膠原分子逐漸組合，排列有序，從而達到緊膚祛皺的效果。熱瑪吉迄今為止一共更新過三代，目前技術最高端的是第三代熱瑪吉，來自於美國。熱瑪吉主要抗衰功能為：收縮毛孔、祛眼周細紋、祛鼻唇溝、祛雙下巴、祛頸紋、瘦臉、全臉緊膚；祛妊娠紋、產後修復、祛蝴蝶袖、提臀、收腰、大腿塑形、小腿塑形等。熱瑪吉治療的層次是在真皮層，通過治療頭大小的不同可以分別治療臉部、眼周以及身體。

超聲刀則將能量聚焦在更深層的皮下筋膜層（SMAS 層），將鬆弛垂墜的老化筋膜再次提起，起到深層抗衰提升的作用，而獨有分層治療探頭則可囊括皮下 3 ～ 4.5mm 治療深度。

超聲刀治療層次更深、更精準，治療區域多集中在軟組織豐厚部位，可作用於熱瑪吉作用不到的筋膜層，由內而外地提升緊膚效果更強。熱瑪吉則可治療超聲刀不能涉及的神經豐富的細小區域，由外而內地讓早已停止生長的皮下膠原「起死回生」，產生逆生長。

熱瑪吉和超聲刀單純做，可以抗衰除皺緊膚提升；聯合做可以完美逆齡抗衰，效果更優。求美者還需根據自己的皮膚衰老程度和實際的經濟狀況來請教醫師決定做熱瑪吉或超聲刀或兩者聯合治療。

■ 超聲刀與熱瑪吉作用部位比較

表皮層 →
真皮層 →
皮下 1.5 mm →
皮下 3.0 mm →
SMAS →
皮下 4.5 mm

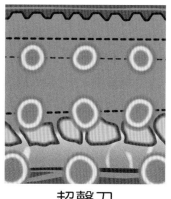

超聲刀

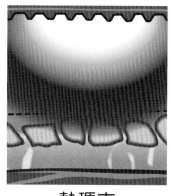

熱瑪吉

### 微針療法

微針注射是採用微細針狀器械點對點超微滲透技術，定位、定層、定量，將有效成分直接輸送到所需的皮膚組織，讓有效成分迅速被吸收，同時，可刺激皮膚生成膠原蛋白，增加皮膚厚度。不會破壞皮膚表皮層，具有強效美容、祛除臉部皺紋、改善痘印等作用。

微針療法祛除真性皺紋，可維持 3 ～ 5 年；同時促進人體細胞自身分泌膠原蛋白，皮膚的質地、色澤、彈性光澤度都有明顯改善；直接作用於基底層黑色素，抑制黑色素生成，淡化色斑；此外，還有補水、祛痘、收縮毛孔、減少臉部油脂分泌等作用。微針療法還可以治療產後婦女的妊娠紋。

# 注射除皺——該用肉毒素還是玻尿酸？

皺紋是如何形成的？

皺紋的形成原因可分為生理因素和環境因素，在年齡、水分流失、臉部肌肉反覆收縮、精神壓力、不良飲食生活習慣、減肥或化妝等生理因素，以及紫外線、各種污染和乾燥的氣候等環境因素的共同作用下會形成動態皺紋；而隨著皮膚張力下降，彈性恢復能力削弱，動態皺紋會變成靜態皺紋。

從面部肌肉分布圖可以看出，在多種因素的共同作用下，肌肉群反覆進行聯合運動會導致多種肌肉型皺紋的產生，如：抬頭紋、眉間紋、魚尾紋、鼻背紋、嘴角紋等。

■ 皺紋形成的原因

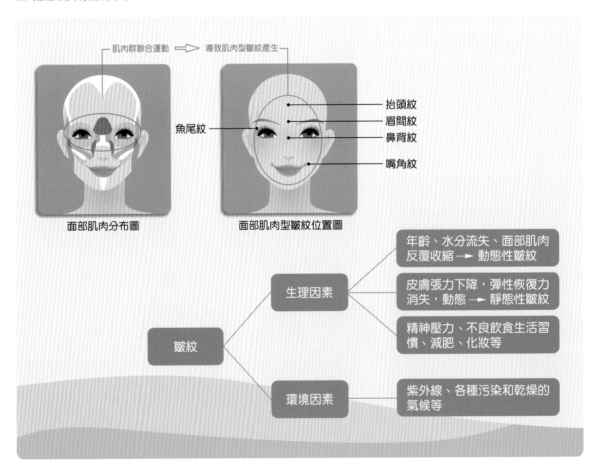

肌肉群聯合運動 ⇨ 導致肌肉型皺紋產生

魚尾紋

抬頭紋
眉間紋
鼻背紋
嘴角紋

面部肌肉分布圖　　　面部肌肉型皺紋位置圖

皺紋

生理因素

年齡、水分流失、面部肌肉反覆收縮 ⟶ 動態性皺紋

皮膚張力下降，彈性恢復力消失，動態 ⟶ 靜態性皺紋

精神壓力、不良飲食生活習慣、減肥、化妝等

環境因素

紫外線、各種污染和乾燥的氣候等

| 表情紋 | 肌肉 | 動作 |
| --- | --- | --- |
| 眉間紋 | 皺眉肌 | 眉毛向正中聚攏 |
| | 降眉間肌和降眉肌 | 降低眉毛 |
| 額紋 | 額肌 | 抬眉 |
| 魚尾紋 | 外側眼輪匝肌 | 抬眉降低外側眉毛 |
| 提眉 | 上外側眼輪匝肌 | 降低上外側眉毛 |
| 鼻背紋 | 鼻肌 | 鼻兩側向中間聚攏 |
| 放射狀唇紋 | 口輪匝肌 | 噘嘴 |
| 木偶紋 | 降口角肌 | 口角下降 |
| 鼻唇溝 | 提上唇鼻翼肌 | 抬高唇中部 |
| 下頜紋 | 頦肌 | 皺下巴和下唇提升 |

注射除皺該選用哪種產品，肉毒素還是玻尿酸？首先，我們得明白自己是屬於哪種皺紋，動還是靜？真還是假？

**動態皺紋⇨施打肉毒素**

20 多歲的年輕人出現細小的皺紋，大多是假性皺紋，也就是動態皺紋，又稱動力性皺紋，換句話說，就是在你臉部「動」的情況下出現的皺紋，是由於臉部有表情時，表情肌肉的收縮牽引造成的皺紋。比如笑的時候會出現魚尾紋、表情紋（法令紋），而思考、煩惱、著急、氣憤時則會因為皺眉出現抬頭紋、川字紋（皺眉紋）等。

而且動態皺紋只會隨著年齡增長而逐漸明顯和加深，並不會自然消逝。

肉毒素擅長的是去除動態皺紋，原理是將收縮造成皺紋的肌肉麻痺，使肌肉不收縮，也就不會產生皺紋了。

**靜態皺紋⇨注射玻尿酸**

靜態皺紋是歲月的痕跡，就是老化的標誌。指臉部在不做任何表情時，便可直觀觀察到的皺紋，這種靜態皺紋通過一般的美容護膚品或者按摩是很難得到改善或者去除的。

皺紋類型有：眼周紋、淚溝、額紋、法令紋、嘴角紋、面部皺摺、川字紋、頸紋等。

注射玻尿酸的美容原理主要是利用它來填充皮膚的凹陷，或是充盈五官的輪廓，讓臉部更立體。

■ 臉部皺紋類型

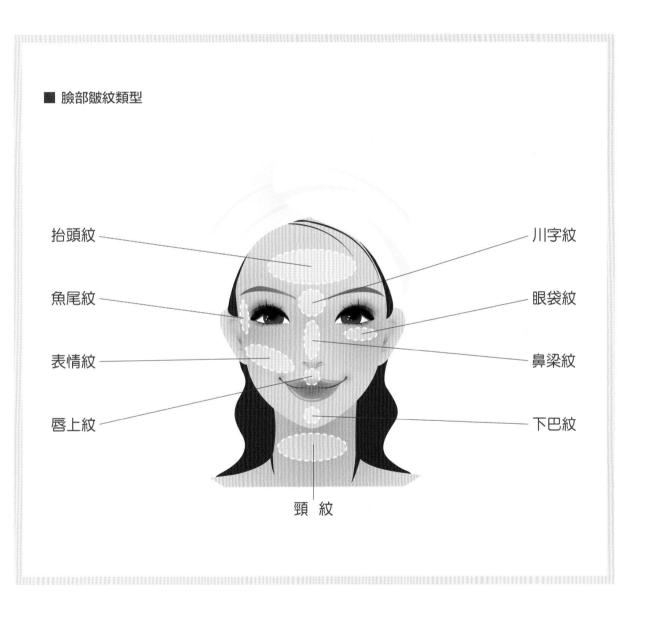

抬頭紋

魚尾紋

表情紋

唇上紋

川字紋

眼袋紋

鼻梁紋

下巴紋

頸　紋

## 肉毒素除皺——立竿見影的神器

### 肉毒素聽起來嚇人，安全嗎？

隨著時間的流逝和年齡的增長，任何臉部的動作都會引起皺紋，如瞇眼睛、微笑或皺眉。如果皺紋令你沮喪，可以考慮注射 A 型肉毒素。

肉毒素注射美容已經有 20 多年的歷史—— 1986 年，加拿大 Carruther 夫婦在用肉毒素治療眼瞼痙攣時，意外地發現了其良好的除皺效果。隨後，他們相繼用肉毒素對額紋、眉間紋、魚尾紋進行了治療，目前的使用劑量僅僅是其最大安全劑量的百分之一，所以十分安全。

根據 ISAPS（國際美容整形外科學會）2019 年及 2018 年的統計數據，均顯示肉毒桿菌注射是最受歡迎的非手術美容方式，且使用比率持續增長，在前五位非手術美容項目中，治療例數遠超過其他美容方式。

ISAPS（國際美容整形外科學會）2019 年及 2018 年前五位非手術美容項目：

1. 肉毒桿菌素注射
2 透明酸質
3. 脫毛
4. 非手術減脂
5. 光子嫩膚

BOTOX，就是肉毒素的一種。肉毒素是肉毒桿菌產生的毒素，是一種神經毒素，可以阻斷神經與肌肉間的神經衝動，使過度收縮的小肌肉放鬆，進而達到除皺的效果。或者是利用其可以暫時麻痺肌肉的特性，使肌肉因失去功能而萎縮，來達到雕塑線條的目的，也就是通常所說的除皺和瘦臉。

## 肉毒素的用途

1. 除皺：針對各種動態皺紋。
2. 改善、美化輪廓。
3. 協調臉部器官形狀和位置。
4. 其他：多汗症、腋臭症、預防和抑制瘢痕等。

## 肉毒素在除皺方面的應用

1. 眉間紋——唯一獲得 FDA 批准的肉毒素治療部位

眉間紋通常在注射後 1 ～ 7 天開始改善，在注射後 2 週左右達到最佳效果。

2. 額紋——最難注射好的區域

注射額部最重要的是在注射前評估靜止時的眉毛位置，通常會要求顧客盡量放鬆或閉上眼睛，使其額部肌肉鬆弛，再評估眉毛的位置。一般說來，女性的眉毛恰好齊或略高於眶上緣，男性的眉毛在眶骨邊緣。

通常會在注射前要求顧客做以下面部表情：「抬高眉毛」、「頭部不動，盡量上視」。「平行」或「V型」肌內注射，避免入針過深觸及骨膜。

3. 笑紋和魚尾紋——最常見的熱門領域

很多來除皺的女士總是說：「醫生，我魚尾紋比較明顯，你就幫我打個魚尾紋就好。」或者說：「我就想去掉抬頭紋，這樣我臉就完美了。」其實，臉部的表情紋常常是互相關聯的，你現在只關注到了你的魚尾紋或者抬頭紋，可一旦注射除去，這個部位的壓力可能會轉移到另外相關的肌肉上，反而使你原先沒在意的皺紋加深了。所以，這時候，我們常常需要多部位聯合注射，才能達到「完美」。

■ 肉毒素施打部位

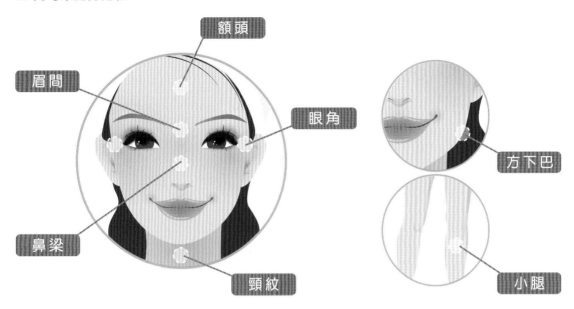

額頭

眉間

眼角

鼻梁

頸紋

方下巴

小腿

**臉部**

眼角、額頭、眉間、鼻梁、頸紋

**縮小肌肉發達部位**

方下巴、小腿

## 關於肉毒素的幾點疑問

### 1. 什麼樣的人適合肉毒素注射除皺或瘦臉？

肉毒素適用於早期皺紋，最佳年齡段是 30 ～ 45 歲，年齡偏大的人（50 歲以上）嚴重皺紋注射雖有效，但效果較差。

如果你用力一咬發現兩頰部位的咬肌又硬又大，可以通過注射肉毒素阻斷神經肌肉的作用，使肌肉發生萎縮，達到瘦臉的效果。

### 2. 什麼樣的人不可以注射肉毒素？

需要提醒的是，並非所有人都可以注射肉毒素，如以下人群：

（1）已知對注射用 A 型肉毒素及配方中任一成分過敏者或過敏性體質者。

(2) 注射部位感染者。

(3) 神經肌肉疾病，如重症肌無力、Lambert-Eaton 綜合症、運動神經病、肌肉萎縮性側索硬化症等患者。

(4) 孕婦和妊娠期、哺乳期婦女等。

### 3. 注射前有什麼注意事項？

肉毒素注射前 2 週內不要服用阿斯匹林、氨基苷類抗生素（如慶大霉素、卡那霉素），因為它們會加強 A 型肉毒素的毒性。注射前應該卸妝、用抗菌肥皂和（或）酒精清潔皮膚。

### 4. 注射時會疼痛嗎？

注射所引起的疼痛通常在絕大多數患者的耐受範圍以內，無需特殊處理。部分人有疼痛敏感的，可在使用前對注射部位進行表面麻醉或冰敷。

### 5. 效果能維持多久？

效果一般能維持 4 ～ 6 個月左右。

### 6. 注射後是否會出現表情僵硬？

只要在合格的正規醫院、經專業培訓的醫生指導下進行注射治療，通常不會出現這種狀況。

### 7. 長期注射會有副作用嗎？

肉毒素可以重複注射，不會產生毒素蓄積，但有可能會逐漸產生耐久性。

### 8. 會產生依賴性嗎？

治療並不會產生藥物依賴性，即使停止使用，也不會產生任何加重情況，只是回到原來的水平。

　　門診常常看到這樣的患者，注射肉毒素以後，發現自己意外
懷孕了，這可如何是好？儘管，目前並沒有因注射 A 型肉毒素後
引起胎兒畸形的相關報導，但因尚無在妊娠期女性中使用的安全
性臨床數據，故不建議已孕或計畫懷孕的女性接受注射治療。通
常建議顧客在注射後 6 個月內避孕，若出現上述狀況，應諮詢婦
產專業醫生的意見，綜合考慮。

## 肉毒素注射後的注意事項

1. 注射肉毒素後 4 小時內，安靜休息。身體保持直立。24 小
   時內不要做劇烈活動。第一晚睡覺時避免臉部向下。注射
   30 分鐘後，可以正常洗臉、上淡妝。避免在注射後 24 小
   時內飲酒。

2. 肉毒素瘦臉後 1 個月內禁止做臉部按摩、熱敷、揉搓。

3. 肉毒素瘦臉後避免吃硬殼類食物；1 週內禁食辛辣、海鮮
   食物、忌菸酒。

4. 肉毒素瘦臉早期可能有咀嚼無力、痠痛現象。

5. 因為咀嚼習慣，注射後兩側仍會有輕度的不對稱。

6. 接受治療後，如果出現頭痛，可以建議服用對乙醯胺基酚
   類藥物止痛。

7. 注射後不要服用氨基苷類抗生素（如慶大霉素、妥布霉素、
   奈替米星和卡那霉素）。

8. 少數人可能對藥物不敏感而導致效果不明顯，所以 2 週後
   應複診。

9. 肉毒素瘦臉需 2 ～ 3 次達到明顯效果，2 次之間治療間隔 4 ～
   6 個月。

**臉部注射的不良反應及處理**

1. 一般來說，在正規的美容機構，由正規的美容醫師操作，只要注射手法、劑量恰當、產品合格，肉毒素注射的不良反應是比較少見的。

2. 偶爾會有一些輕度的局部瘀血、搔癢或頭痛，但通常持續時間很短，都是暫時性的，當日即可消失，極少數情況下 2 ～ 3 天後症狀消除。

3. 我們常常見到的副作用如笑容僵硬、口角歪斜、眉下垂、上瞼下垂等，這些大多是操作問題導致。

4. 最嚴重的副作用就是過敏性休克、死亡。然而就 BOTOX 而言，自大約 20 年前行銷歐美到現在，只有 1 例報導。

## 肉毒素的意外發現—— 對靜態皺紋也有效

肉毒素廣為人知的作用就是去除動態皺紋立竿見影的效果，但是 2008 年，臺灣一名專家發現通過真皮內注射肉毒素也能改善皮膚紋理，對靜態皺紋的治療效果很明顯，通過皮膚組織病理學檢測，肉毒素真皮注射後能顯著提高真皮膠原含量。2012 年，一名韓國學者通過體外直接將肉毒素作用於正常人皮膚成纖維細胞，發現肉毒素可以引起膠原含量的上升，並下調膠原降解酶分泌。

# 玻尿酸——有效撫平靜態皺紋

一般來說，玻尿酸根據其分子質量的多少分為大、中、小分子。

■ 玻尿酸分子質量類型

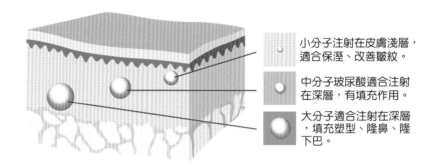

小分子注射在皮膚淺層，適合保溼、改善皺紋。

中分子玻尿酸適合注射在深層，有填充作用。

大分子適合注射在深層，填充塑型、隆鼻、隆下巴。

1. 大分子玻尿酸有填充塑型的作用，主要用於隆胸豐臀、隆鼻隆下巴等，填充部位是深層組織，也可以用來除皺，其效果能維持比較長的時間。

2. 中分子玻尿酸通常用來除皺，注射部位通常為淚溝、唇部以及皺紋橫生處，同時也具有填充凹陷的作用，但是和大分子玻尿酸一樣，中分子玻尿酸注射的部位也是深層組織，不能填充皮膚表層。

3. 小分子玻尿酸是像水一樣的玻尿酸分子，主要用於全臉的真皮層注射，也就是用水光注射就可以了，它能補充真皮層缺失的水分，消除細紋、修復受損肌膚，起到保溼嫩膚的作用，彌補大分子和中分子玻尿酸的不足。

**肉毒素聯合玻尿酸注射——實現 1 ＋ 1 ＞ 2 的效果**

1. 兩種劑型藥物作用互補：肉毒素與填充劑聯合使用，可減少注射後肌肉活動對注射物的擠壓，並避免移位和外滲。

2. 肉毒素聯合填充劑治療重度眉間紋、額紋、魚尾紋、口周紋的療效，較單純填充劑效果好而且維持時間長。

3. 肉毒素與填充劑聯合使用，又能解決臉部容積不足的問題，更使注射療效得以優化和維持。

4. 建議在肉毒素注射 2 週後再進行填充劑治療；如果顧客要求同一天進行，必須先注射填充劑、後注射肉毒素，因為前者注射後需要局部揉捏，而後者則禁止按摩

■ 玻尿酸施打應用

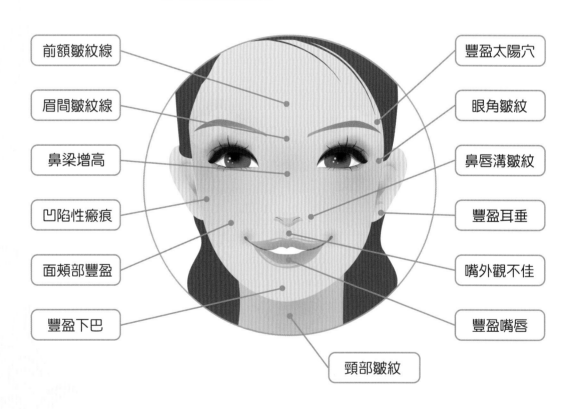

前額皺紋線

眉間皺紋線

鼻梁增高

凹陷性瘢痕

面頰部豐盈

豐盈下巴

豐盈太陽穴

眼角皺紋

鼻唇溝皺紋

豐盈耳垂

嘴外觀不佳

豐盈嘴唇

頸部皺紋

處方式保養，
讓專業知識回到生活應用。

nano bleaching
cream

15 ml ℮ 0.5 fl.oz.

# 他們的美麗心聲

過去坑疤的，如今已飽滿滑嫩；
曾經黯淡的，現今已晶瑩透亮。
碧盈處方式保養肌膚重建繼計畫，讓他們的肌膚仿若新生，
人生，也轉進了美麗境界。

# 重建類型
## 醫學美容受害

### ① 修護雷射後的受損肌膚

　　此顧客有先天性太田母斑，兩頰也有明顯的疤痕，以雷射治療斑點疤痕後，兩頰肌膚明顯出現肌膚受損現象。經過碧盈的處方式保養的重建修復，雷射術後肌膚缺損和出血的狀況，很快就有明顯改善。

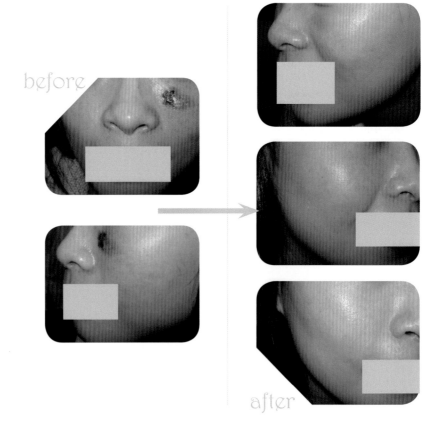

## ② 重建燒燙傷般的嚴重皮膚損傷

　　這位顧客是被朋友帶來碧盈看診，當時皮膚的狀況不只是損傷而已，根本可以用皮膚嚴重缺失來形容。從外觀可以明顯看到很多部分皮膚少了一塊皮，受損的程度，就像是被燒燙傷般嚴重。而這是在醫學美容診所接受百萬元的雷射治療後的結果，換來肌膚嚴重損傷。

　　因為客人的肌膚受損真的很嚴重，我秉持平常心，以碧盈的護膚理念、肌膚管理療程，盡力幫顧客重建、調養皮膚。三個月後，可以看到顧客的皮膚有明顯改善，非常幸運地，在碧盈諮詢團隊的照護治療和她自己的努力下，這位顧客的肌膚終於完全回復到正常皮膚的狀態。

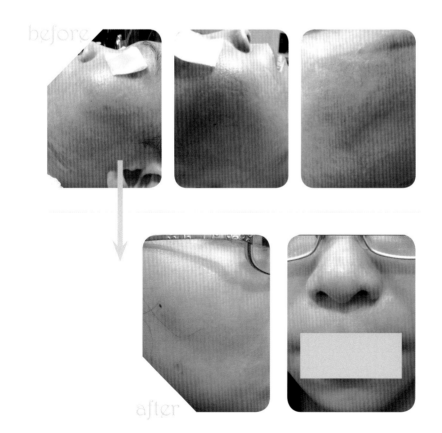

# ③ 連嬌嫩的鼻頭肌膚都能癒合修復

　　此顧客平常就有在碧盈做保養，肌膚原本細緻柔嫩，膚質非常好。但在朋友的鼓吹下，嘗試做了微針滾輪療法，可能是微針滾輪太過刺激，或是過程中受到感染，療程後造成皮膚紅腫、傷口結疤，膚況慘不忍睹。

　　經過碧盈的肌膚重建計畫，積極做肌膚修復保養，不僅肌膚受損的狀況明顯改善，就連不易生長癒合的鼻頭肌膚，也完全修復了。

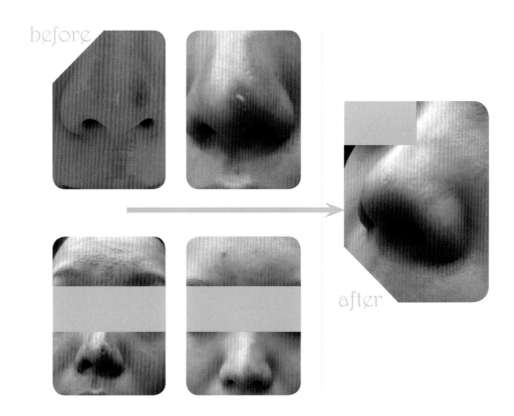

# ④ 適合別人的不一定也適合你

這位顧客最早是因為敏感性肌膚的困擾前來碧盈，在我們的調理照顧下，順利改善了肌膚敏感的問題，皮膚變得非常光滑細緻。某天，她詢問能不能去做朋友大力推薦的電波拉皮，因為她的肌膚屬於敏感性膚質，我斷然告知不能嘗試。但沒多久這位顧客因為另一位朋友也去做了電波拉皮，不死心又再問一次，雖然我們仍然阻止她，但她還是偷偷去做，最後換來了肌膚受傷起水泡，甚至留下凹陷疤痕的結果，只好回來求助碧盈。幸運的是，客人終於在肌膚管理療程中恢復本來光滑細緻的肌膚。

這是一個「別人用好，我用不一定好」的最佳例子，適合別人的保養方式，不一定適合你，只有認清這個事實，你所做的各種肌膚保養動作，才能真正發揮效果。

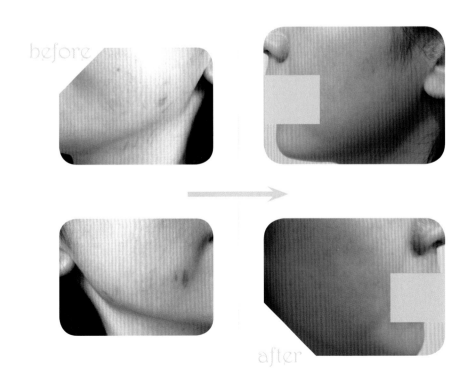

## ⑤ 修復後膚況更上層樓

　　王小姐，年齡 54 歲總覺得自己的皮膚有點鬆弛，於是在朋友的建議下去打熱瑪吉。沒想到她的皮膚特別敏感，打完後臉上滿滿是格子線，久久無法散去，她完全沒辦法接受，沒法出門。緊急求助碧盈的諮詢師。在諮詢師專業的術後處方保養調理下，搭配我們獨特的保養療程，王小姐的皮膚馬上就回復了白皙健康細緻，甚至還比以前皮膚更上一層樓。

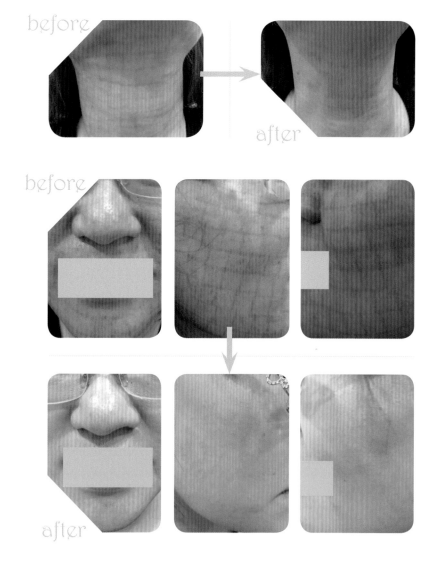

## 重建類型
# 外傷

## ⑥ 大面積傷口治療後不留疤痕

　　這位顧客因為車禍，造成皮膚有大面積的傷口，留下疤痕的機率非常高。但在碧盈的處方式保養重建計畫下，傷口在很短時間就癒合了，且出乎眾人意料，完全沒有留下任何疤痕，癒合效果非常好。

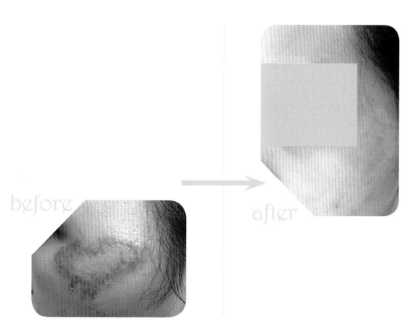

重建類型
**斑點**

## ⑦ 明顯肝斑也能有效淡化

　　客人因為年輕時只注重彩妝，一回家也常常沒卸妝，倒頭就睡，導致原本白皙嬌嫩的肌膚慢慢浮現一大片的黃褐斑，就算想用厚厚的蓋斑膏遮瑕，卻還是遮蓋不了，因此在朋友的介紹來碧盈求助。諮詢師向客人仔細解釋處方式保養的肌膚管理計畫原理後，深得客人認同，就在諮詢師的細心照顧與客人的充分配合下，客人的黃褐斑就這樣一天一天的逐漸淡化了。

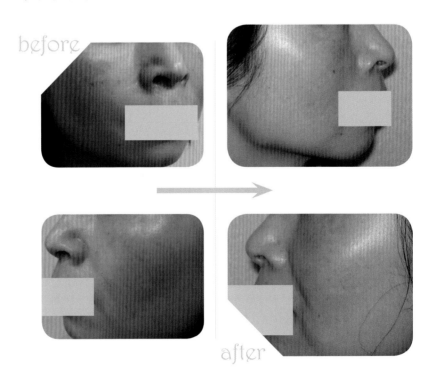

## ⑧ 顧客全力的配合可以為保養效果加分

　　這位顧客已經六十幾歲了，因為年輕時愛上妝又沒有防曬的觀念，臉上的曬斑（或稱之為老人斑）愈來愈多。女兒特別帶媽媽來碧盈調理肌膚，做為母親節禮物。碧盈的諮詢師為客人規劃了量身訂製療程，愛美的她非常配合所有居家肌膚調理指令，臉上的老人斑約三個月後明顯淡化，肌膚也逐步變得乾淨透亮。

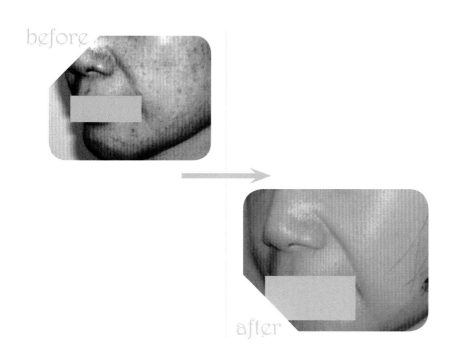

# ⑨ 爛痘越早治療越不易留下痘疤

　　這位顧客，是透過朋友推薦來到碧盈治療。剛來時，臉上長滿紅腫的痘痘，有很多嚴重發炎、長大膿包的爛痘，這種狀況的痘痘，若沒有適當治療，通常都會留下很明顯的痘疤。幸運的是，這位顧客在還沒留下痘疤前就來碧盈治療，而且越早開始治療，改善效果越好。在獨特的肌膚重建計畫的幫助下，這位顧客嚴重的爛痘也已明顯改善，恢復回原來年輕健康的肌膚，而且沒有留下疤痕。

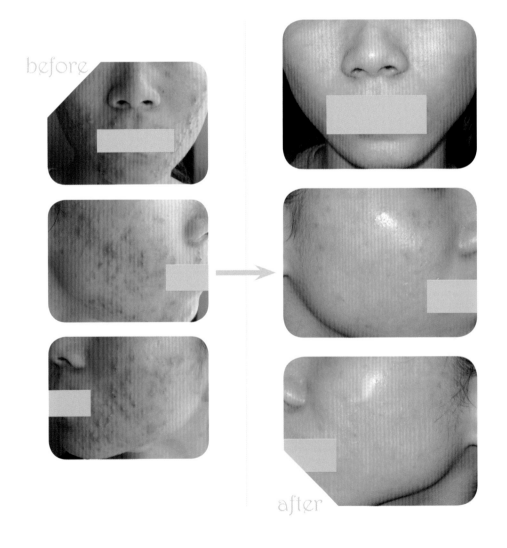

before

after

# 10 完整且細心的處方式保養

　　這位顧客從國中就有雀斑，臉上滿滿的斑斑點點一直讓她很困擾，最近在朋友們的慫恿之下終於鼓起勇氣去醫學美容做了雷射去斑。本來以為雷射就可以一勞永逸，沒想到不到一個月時間，斑點又一個一個再度浮現，甚至比之前的斑點更嚴重。大驚失色之下，來到碧盈美學求助我們，經過諮詢師專業教育解說瞭解雀斑形成的原因，並強調防曬的重要，以及在處方式保養完整地細心調理之下，她的斑點終於褪得乾乾淨淨，而且在做好全面的防護後，再也沒有復發了。現在的她再也不需要用蓋斑膏去遮掩那些斑斑點點，而是一位淨淨白白的素顏美人。

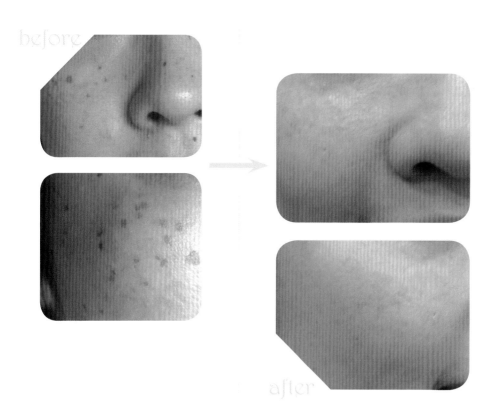

# 重建類型
## 痘痘

## ⑪ 改善不斷長痘痘的膚質

　　張小姐常常從初中開始就一直不斷地長痘痘，從來沒停過，經年累月臉上幾乎都是痘印、痘坑以及紅色的痘痘。她覺得這輩子永遠擺脫不了痘痘的糾纏了。後來經過朋友的介紹，使用了碧盈的產品，在使用的過程中，她不斷地懷疑，也沒有信心覺得痘痘能夠變好，畢竟以前使用過了太多太多的祛痘產品了。

　　讓她訝異的是在聽從諮詢師的專業建議後，短短的兩個月，她的痘痘已經好了，而且皮膚變得光滑細緻白皙。所有他周遭的朋友都吃了一驚，覺得痘痘怎麼可以恢復的這麼快又這麼好。

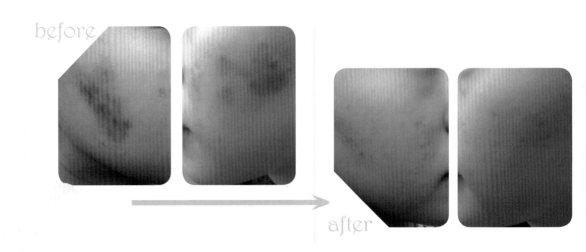

# ⑫ 信任配合讓調理效果更快發揮

　　這位客戶身處要職，是一位事業上的女強人，平常工作壓力大又常熬夜，最困擾她的就是滿臉密集的痘痘。曾經求助好幾個大型的醫學中心，但僅僅是好了幾天，之後痘痘又爆發得滿臉都是，源源不絕。後來經由姐姐介紹來到碧盈美學，但難為的是，兩個月之後她就要外派到國外擔任高階主管。

　　在碧盈專業的諮詢師指導和她自己百分之百全然信任和配合下，伴她好多年的痘痘、痘疤、痘坑等問題，在她出國前就全調理好了，皮膚也變得光滑細緻淨白。

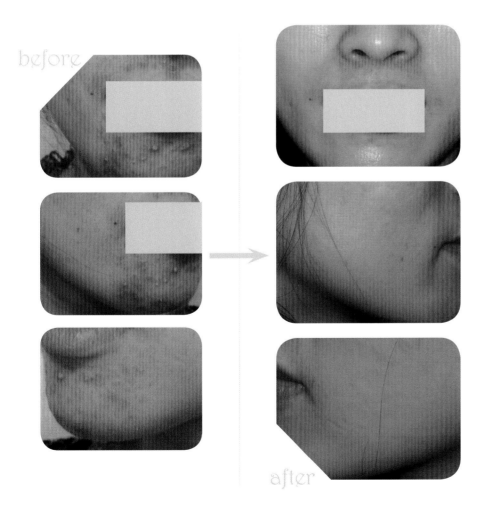

## ⑬ 專業處方調理讓大痘痘不再發作

陳小姐，35 歲，第一次來求診時，諮詢師都震驚了，因為從來沒有看過這麼糟的皮膚。陳小姐有很多小小的閉鎖痘痘，雖然很多但也相安無事，但在一陣昏天暗地的公司忙碌後，所有密密麻麻的痘痘都變成了這樣子紅、黑、腫、膿的大痘痘，讓她完全驚慌了，到處找醫生卻一點改善也沒有。朋友好心地介紹他來碧盈諮詢。在我們運用獨特的針清手法，專業的處方調理，加上細心耐心地照顧和説明，配合飲食和作息上的調整。陳小姐的皮膚一天一天越來越好，臉上的大痘也都完全消失不見，至今已經一年了，再也沒有發作過。

before
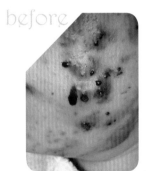
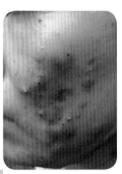
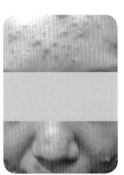
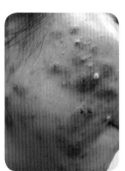

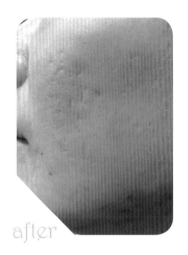
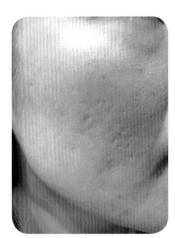
after

## ⑭ 從自信心低落變身陽光男孩

　　因為賀爾蒙分泌的因素，男生長起痘痘來，狀況通常比女生嚴重許多。這位顧客是典型男性長痘痘的代表，滿臉的痘痘，有正在發炎的、沒發炎的，還有痘痘發炎後留下的痘疤。這樣的肌膚狀況，讓剛來到碧盈的他非常沒有自信，覺得交不到女朋友都是因為滿臉痘痘的原因。

　　在碧盈的處方式保養幫助下，這位顧客臉上青春痘的狀況慢慢受到控制，痘痘發炎的症狀、痘疤的痕跡也得到改善。長期調養後，肌膚變得乾淨健康，整個人也變得自信起來，現在可說是陽光男孩的代表，自信和燦爛的笑容又重回他的臉龐。

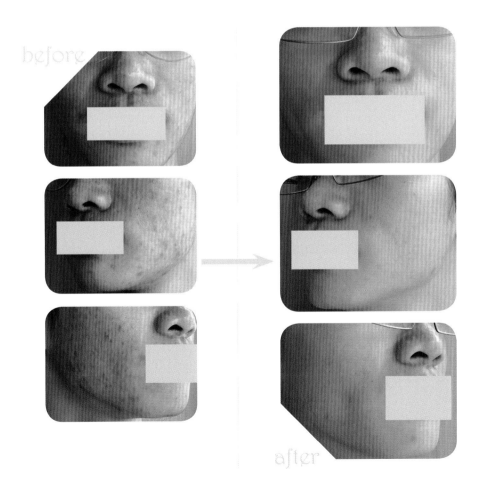

# 重建類型
## 過敏

## ⑮ 處方式保養將肌膚調理回健康狀態

　　這個顧客來碧盈時,兩頰明顯有過敏的紅腫現象,只要一到夏天,臉上就會長滿密密麻麻的疹子,去看了皮膚科,也用了很多專櫃的保養品,就是一直無法解決滿臉的紅疹子。在碧盈處方式保養的照顧下,透過我們的皮膚管理系統,逐漸改善肌膚發紅過敏問題,回復到健康肌膚的狀態。

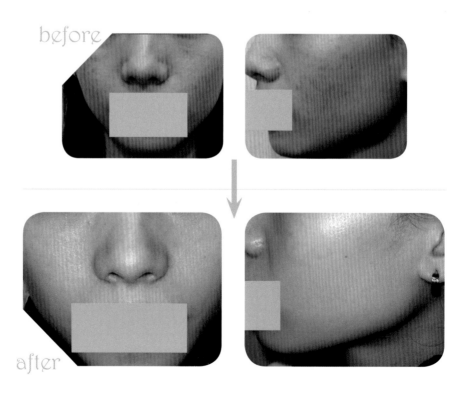

before

after

# ⑯ 強化肌膚對外界環境的抵抗力

　　這位顧客在朋友的推薦下，去醫學美容診所做了鑽石微雕，本想改善青春痘、膚色黯沉的狀況，沒想到做完後全臉發紅過敏，若沒有適當處理，日後將變成敏感性肌膚，容易出現各種肌膚狀況。碧盈為他量身訂做了肌膚管理計畫，肌膚過敏問題很快就解決了，也強化了肌膚對外界環境的抵抗能力。

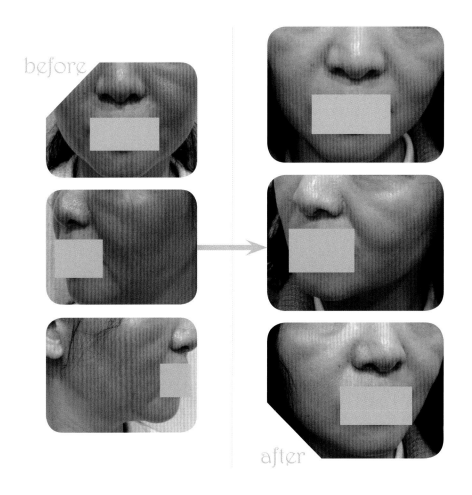

# ⑰ 調理出精緻透亮的肌膚

這位年輕的女性顧客，是天生毛孔粗大的肌膚類型，粗大的毛孔以及細小的乾紋，讓肌膚看起來不夠精緻。碧盈為她量身訂做肌膚重建計畫，從根本開始調理肌膚，顧客也非常遵守碧盈的保養指令，現在肌膚光滑透亮，毛孔變小、細紋淡化，整個人看起來也更精緻。

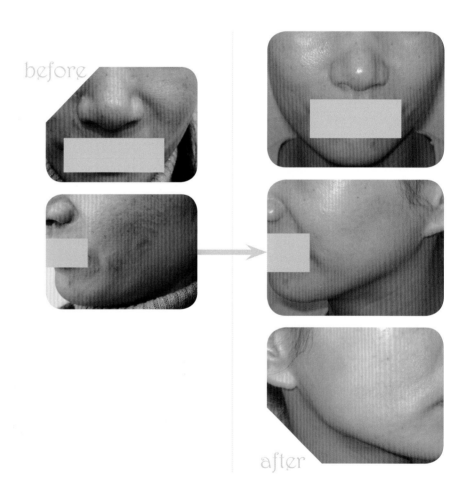

## 18 成功修復敏感脆弱肌膚

　　三年前客戶皮膚其實沒什麼大的問題，只是有點黯沉蠟黃，一點點斑點和毛孔粗大。但是她總是不太滿意自己的臉。後來有朋友介紹使用號稱可以快速美白淡斑緊緻毛孔的產品，她就滿懷欣喜地試了一下。沒想到用沒幾天，整個皮膚又紅又腫又癢，朋友說是好轉反應，要她堅持繼續用下去。沒想到，皮膚的狀況越來越差了，甚至淌水、化膿，晚上沒辦法睡覺，白天也不敢出去見人，這三年來試過了很多種法子，也去醫院皮膚科就診，但就是沒有任何改善。

　　來碧盈後，專業的諮詢師耐心地跟她解說皮膚之所以會變成敏感脆弱的原因，並請她加強防護，並且手把手的一步一步教她如何使用保養品，終於在幾個月後她的皮膚慢慢地恢復正常，甚至比以前更光澤細緻。而這只是剛開始而已，未來只要持續使用，皮膚還會越來越好呢！

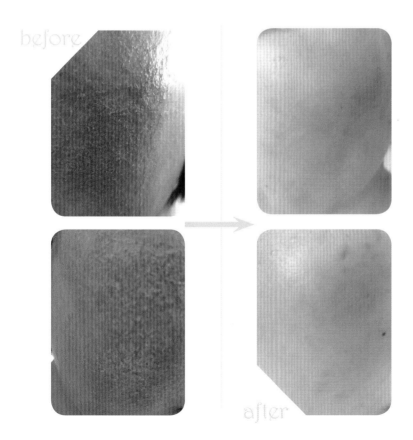

# ⑲ 處方保養調理出健康肌膚

　　張先生，35 歲，臉部長期泛紅，多發性痘痘，甚至紅腫，尤其是鼻子特別嚴重很多年了。也曾經看了很多大醫院小診所，有的皮膚科醫師跟他說是異位性皮膚炎，有的醫師說是過敏，有的醫師說是脂溢性皮膚炎，有的醫師說是蟎蟲太多，更有醫師說不出個所以然，也提不出好的解決方法。因為太太的皮膚在碧盈照顧得特別好，抱著姑且一試的心態來碧盈求診。

　　根據我們專業的望聞問切，確認是屬於酒糟皮膚炎合併了多發性的膿痘。在沒有任何保養品比自己皮膚生成的更有效的理念下，我們運用處方逐步調理張先生的肌膚，也用特殊的針清手法。終於，張先生的皮膚一天比一天的健康，最後完全退紅，達到他所要的健康肌膚。

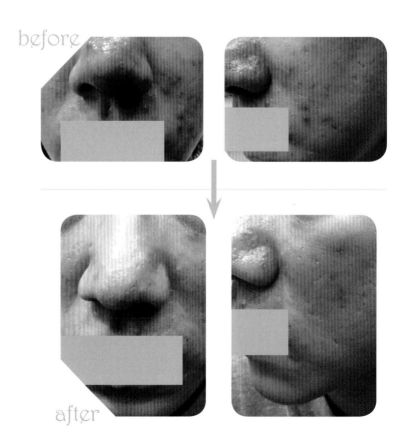

碧盈防護理念，讓你感受皮膚能量。

碧盈處方保養，讓你參與改革美業。

碧盈將心比心，讓你符合德配其位。

碧盈用心經營，讓你重新定位自己。

附　錄

# 保養品成分簡介

　　為了保持肌膚良好狀態，我們每天都會使用保養品，但你知道是什麼在呵護你的肌膚嗎？正確的知識會讓你的美麗更真實，一起來認識常見的美容保養成分。

## Ⅰ-Ⅰ修護系列

1. **PCA 鈉**：人體中天然存在的物質，保溼、修復、增強肌膚屏障。

2. **光果甘草**：防止皮膚粗糙、抗炎、抗菌、抗氧化、抗衰老、防紫外線、防曬、美白亮膚、祛斑，有「美白黃金」的美稱。

3. **母菊花**：調節角質層的代謝、密集補水、保護表皮抑菌修復，是非常適合嬰幼兒的溫和成分。

4. **甘草酸二甲**：抑菌消炎、提升免疫力、改善皮膚泛紅。

5. **寡肽 -1**：表皮生長因子（EGF），修復皮膚受損的角質層，增強肌膚的屏障功能。

6. **泛醌**：又稱輔酶 Q10，增加皮膚中透明質酸含量，抗氧化劑延緩衰老。

7. **棕櫚醯四肽 -7**：是一種多肽，主要作用是抗氧化劑、抗炎。

8. **棕櫚醯六肽 -12**：具有重建和修復皮膚的功效，可以改善皮膚緊緻和彈性。

9. **油橄欖果油**：被稱為「液體黃金」富含維生素 A、D、E、K、F，都是易於被皮膚吸收的脂溶性的維生素，嬰幼兒保溼，美容聖品。

10. **生育酚**：是維生素 E 的水解產物，抗氧化。

11. **紅沒藥醇**：主要作用是抗菌消炎，還可以抑制細菌。

12. **磷脂**：提高免疫力。

13. **（神經）鞘脂類**：神經醯胺又稱神經鞘脂類，是一種天然存在於皮膚的脂類，活膚，促進再生，修復肌膚屏障。

14. **泛醇**：減少炎症，對皮膚有很好的保護作用。

15. **糖類同分異構體**：是一種萃取自天然植物糖類綜合體的天然保溼劑，協助角質層的角蛋白結合水分、保溼補水、修復表皮，恢復肌膚的屏障功能。

16. **大花可可樹**：滋潤保溼，適用於嬰童。

17. **珍珠粉**：收斂傷口、延緩衰老、調理膚色。

18. **人參**：促進血液迴圈，防止肌膚老化與皺紋產生，增加肌膚的營養供應，發揮補氣養顏及活血的功效，同時還能提高免疫功能，防止肌膚受到外界環境的有害刺激，含有多種皂苷和多醣類、維生素成分，人參萃取物可緩慢被肌膚吸收，對肌膚沒有刺激性，具有良好的抗氧化能力，以及促進血液循環，調節肌膚水油平衡等多種功效，對抗老化、預防痘痘、潤滑肌膚都有顯著的功效。

19. **薏米仁**：淡斑美白、潤膚除皺。

20. **大黃**：大黃具有很強的抗感染作用、抗衰老抗氧化作用。

21. **黃芩**：抗炎抑制皮脂分泌，增加皮膚的新陳代謝。

22. **蜂蠟**：抗炎、抗菌、抗敏和抗氧化，促進細胞再生，對燒傷燙傷有很好的功效。

23. **角鯊烷**：角鯊烷（squalane）是角鯊烯（squalene）氫化後所得的碳氫化合物，這種完全飽和的碳氫化合物比較穩定，不容易自然氧化，為最接近人體皮脂的一種脂類，可加強修護表皮，有效形成天然保護膜，抑制皮膚脂質的過氧化，延緩衰老，是非常珍貴的成分。萃取自深海鯊魚肝臟或橄欖油，角鯊烷具有優異的抗氧化及保溼潤滑作用，可防止肌膚水分流失、減少皮膚受到紫外線的傷害等作用。雖然是油脂，但是分子極為細緻易滲透，很快就能被肌膚吸收。

24. **蘆薈 Aloe**：蘆薈萃取物取自葉片內呈果凍狀的透明膠體，含有抗敏成分，可廣泛運用在多種過敏現象，舒緩肌膚不適。此外蘆薈也具有保溼、防止發炎、抑制細菌生長等功效，對增加傷口癒合、修補肌膚組織也有不錯效果。

25. **洋甘菊 Chamomile**：洋甘菊具有優異的消炎、鎮定、抑菌收斂效果，溫和舒緩的特性尤其適合敏感肌使用。當肌膚出現乾癢、痘痘、粉刺、曬後肌膚不適等問題時，洋甘菊的成分可有效修復緩解，同時還能防止黑色素沉澱，強化肌膚抵抗力。

# Ⅰ - Ⅱ修護系列

1. **柳蘭**：對於皮膚炎症非常有效，抑菌，促進傷口癒合。

2. **神經醯胺 3、6、1**：和構成皮膚角質層的物質結構相近，能很快滲透進皮膚，和角質層中的水結合，形成一種網狀結構，鎖住水分。對肌膚保溼修護有良好作用，是角質層中重要的活膚成分，增強皮膚屏障幫助受損肌膚緩解乾燥。

3. **泛醌**：泛醌又稱輔酶 Q10，增加皮膚中透明質酸含量，抗氧化劑延緩衰老。

4. **維生素 E**：抗氧化、延緩衰老。

5. **視黃醇棕櫚酸酯**：是維生素 A 的一種衍生物，很容易被皮膚吸收，然後轉換成視黃醇。視黃醇的主要作用就是加速肌膚新陳代謝，促進細胞增生，同時激發膠原蛋白生成、美白淡斑、抗氧化。

6. **油橄欖果油**：被稱為「液體黃金」富含維生素 A、D、E、K、F，都是易於被皮膚吸收的脂溶性的維生素，嬰幼兒保溼，美容聖品。

7. **夜香寬葉萃取**：深層修復。

8. **當歸**：含有豐富的維生素 A、維生素 B12、維生素 E 及人體必需 17 種氨基酸；補血活血、潤澤肌膚。當歸含有人體所需的多種微量元素、胺基酸，具有促進血液循環，增強新陳代謝的效果，不僅可以改善皮膚黯沉、減少黑色素沉澱、淡化斑點，同時也能提高肌膚的保溼機能，經常使用於漢方美容保養品中。

9. **羊毛脂**：促進肌膚再生，有很好的修復作用，並可促進細胞再生。提高肌膚對有害物質的抵抗力，讓肌膚得到全面保護。

# Ⅱ-Ⅰ 保溼補水系列

1.  **庫拉索蘆薈**：在植物王國裡享有「美容師」之美譽，保溼、修復、殺菌、抗老。
2.  **洋薔薇**：抗氧化、延緩衰老。
3.  **尿囊素**：是尿酸的衍生物，屬於人體皮膚自有成分，促進細胞生長和新陳代謝。
4.  **透明質酸**：也是玻尿酸，皮膚也含有大量的透明質酸。人類皮膚成熟和老化過程也隨著透明質酸的含量和新陳代謝而變化，改善皮膚營養代謝，使皮膚柔嫩、光滑、去皺、增加彈性、防止衰老。
5.  **玫瑰精華**：美白、保溼、緊緻。
6.  **母菊花**：調節角質層的代謝，密集補水，保護表皮抑菌修復，是非常適合嬰幼兒的溫和成分。
7.  **甘草酸二甲**：抑菌消炎，提升免疫力，改善皮膚泛紅。
8.  **煙醯胺**：煙醯胺實際上又被簡稱為維生素 B3，它是維生素「家庭」當中尤為重要的一名成員，屬於一種活性物質，加速肌膚內黑色素細胞角質脫落，同時也能夠促進肌膚新陳代謝，美白抗老。
9.  **甲基葡糖醇聚醚 -20**：是一種葡萄糖衍生的保溼成分，非常的溫和。
10. **糖類同分異構體**：是一種萃取自天然植物糖類綜合體的天然保溼劑，協助角質層的角蛋白結合水分，保溼補水、修復表皮，恢復肌膚的屏障功能。
11. **黃瓜果提取物**：可以很好地提高角質層的含水量，有保溼作用，同時舒緩鎮定肌膚。
12. **丙二醇**：對肌膚具有保溼、潤滑、促進吸收的功效。
13. **生物糖膠 -1**：保溼、改善膚感、舒緩肌膚，為肌膚帶來柔軟、絲滑、愉悅的膚感。

14. **山茶籽油**：滋養、緊緻、美白、延緩衰老，提高肌膚的防曬能力保護肌膚。

15. **牛油果樹果脂**：富含不飽和脂肪酸，能加強皮膚的保溼能力，淡化細紋，還可以幫助傷口癒合，增加肌膚的防禦能力。

16. **膠原**：保溼、滋養、亮膚、緊實、抗皺。

17. **北美金縷梅提取物**：舒緩收斂抗菌、抗自由基延緩衰老。

18. **維他命原 B5 Provitamin B5**：具有良好的保溼效果，不僅滲透力十足、容易吸收，還能刺激細胞再生、幫助組織修復，尤其適合熟齡肌膚使用。維他命原 B5 的安定性高，對肌膚沒有刺激性，經常添加在各種保養品中。

19. **玻尿酸 Hyaluronic Acid**：皮膚含有大量的透明質酸。可改善皮膚營養代謝，使皮膚柔嫩、光滑、去皺、增加彈性、防止衰老。但人類皮膚成熟和老化過程透明質酸的含量和新陳代謝肌膚也隨著變化。生物性玻尿酸以超高倍數的吸水效果聞名，安全沒有刺激性，大分子玻尿酸可鎖住大量水分子，增強皮膚長時間的保水能力；小分子玻尿酸液滲透皮膚細胞，可直達肌膚底層修補細胞。

20. **胺基酸 Amino Acid**：胺基酸是構成蛋白質的小分子，添加在保養品中，可迅速改善肌膚的保水能力，激發細胞再生，讓肌膚保持水潤光澤，避免肌膚乾燥黯沉。

21. **乳木果油 Shea Butter**：提煉自非洲的乳木果，具有良好的深層滋潤功效，適合肌膚吸收，能有效滋養乾性或缺水性肌膚，在肌膚表面打造一層天然防護層，減少水分散失。乳木果油當中含有一種天然的防曬成分「肉桂酸」，也能適當隔離紫外線。

22. **小黃瓜 Cucumis Sativus**：小黃瓜含有大量維他命 C、黃瓜酶等活性成分，使用在保養品中，可促進血液循環，強化肌膚抗氧化作用，具有保溼、抗發炎、鎮靜、美白、減緩皺紋等美容功效。

## II - II保溼補水系列

1. **丁二醇**：吸附水分子，防止水分的蒸發，還具有抗微生物繁殖，起到抑制細菌的功效。

2. **丙二醇**：對肌膚具有保溼、潤滑、促進吸收的功效。

3. **煙醯胺**：煙醯胺實際上又被簡稱為維生素B3，它是維生素「家庭」當中尤為重要的一名成員，屬於一種活性物質，可加速肌膚內黑色素細胞角質脫落，同時也能夠促進肌膚新陳代謝，美白抗老。

4. **抗壞血酸四異棕櫚酸酯**：抑制酪胺酸酶活性和黑色素生成，預防脂類過氧化，改善肌膚黯沉，使肌膚淨白透亮。

5. **野大豆甾醇**：調節水油平衡，抗炎，促進皮膚的新陳代謝。

# III - I 抗衰老系列

1. **丁二醇**：能夠吸附水分子，防止水分的蒸發，還具有抗微生物繁殖，起到抑制細菌的功效。

2. **葡糖酸內脂**：增強細胞更新作用。

3. **甲基葡糖醇聚醚 -20**：是一種葡萄糖衍生的保溼成分，非常的溫和。

4. **乳酸鈉**：是天然保溼因子，人的皮膚角質層中四分之一的成分為乳酸鈉，防止皮膚水分揮發。

5. **黃瓜果提取物**：可很好地提高角質層的含水量，有保溼作用，同時舒緩鎮定肌膚。

6. **生物糖膠 -1**：保溼、改善膚感、舒緩肌膚，為肌膚帶來柔軟、絲滑、愉悅的膚感。

7. **胎盤蛋白**：促生長、抗氧化、延緩衰老。

8. **棕櫚醯三肽 -5**：俗稱三胜肽，促進真皮層中膠原蛋白和彈性蛋白的合成，撫平皺紋和緊膚。

9. **蜂蠟**：抗炎、抗菌、抗過敏和抗氧化，促進細胞再生，對燒傷燙傷有很好的功效。

10. **北美金縷梅提取物**：舒緩收斂抗菌、抗自由基延緩衰老。

11. **卵磷脂**：又稱為蛋黃素，被譽為與蛋白質、維生素並列的「第三營養素」，是人體細胞不可缺少的物質，能給皮膚再生活力，抗氧化保溼。

12. **維他命 E Vitamin E**：最傳統也是最安定的抗氧化成分，能抵抗自由基、促進皮膚傷口癒合並減少疤痕形成，是很多的保養品牌，都會使用的經典成分。

13. **硫辛酸 Lipoic Acid**：小分子的抗氧化劑，與人體細胞的相容

度極高，具有優異的自由基中和效果，啟動細胞修復、抑制發炎反應等作用，若搭配其他維他命群抗氧化成分，則有加乘效果。

14. **輔酶 Q10 Coenzyme Q10**：中分子脂溶性的抗氧化劑，具有良好的皮膚穿透性，可捕捉自由基，達到消除皺紋、增進肌膚彈性的抗老化效果。

15. **艾地苯 Idebenone**：小分子脂溶性的抗氧化劑，捕捉自由基的機制與 Q10 相同，滲入肌膚的效益比 Q10 更高，但對肌膚有輕微刺激性。添加在抗老保養品中，可改善肌膚皺紋、彈性、明亮度等問題。

16. **富勒烯 Fullerene**：由 60 個碳原子所構成，完美的球型分子結構、安定性高，具有吸附自由基的特性，是連敏感性肌膚及雷射術後肌膚都可用的成分。可耐紫外線光，抗氧化效能強，對淡斑美白、抑制發炎也能發揮作用。

17. **維他命 A 醇 Retinol**：抗老化保養成分中，維他命 A 醇擁有歷久不衰的地位。它在肌膚保養中扮演溝通角色，提醒細胞增生新的表皮細胞，延緩肌膚老化，並且加速膠原蛋白增生，具有撫平細紋、使肌膚恢復光澤彈性的效用。

18. **表皮生長因子 Epidermal Growth Factor**：廣泛被運用在保養品中，可活化細胞、促進細胞增生，加強細胞合成與分泌膠原物質，達到修護老化肌膚，淡化皺紋的作用。

# Ⅲ - Ⅱ抗衰老系列

1. **視黃醇棕櫚酸酯**：是維生素 A 的一種衍生物，很容易被皮膚吸收，然後轉換成視黃醇。視黃醇的主要作用就是加速肌膚新陳代謝，促進細胞增生，同時激發膠原蛋白生成，美白淡斑、抗氧化，對於治療痤瘡也有一定的功效。

2. **神經醯胺 3**：和構成皮膚角質層的物質結構相近，能很快滲透進皮膚，和角質層中的水結合，形成一種網狀結構，鎖住水分。對肌膚保溼修護有良好作用，是角質層中重要的活膚成分，增強皮膚屏障幫助受損肌膚緩解乾燥。

3. **神經醯胺 6**：完善皮脂膜的同時抑制活躍的皮脂腺分泌，使皮膚的自然剝落過程正常化，讓肌膚水油平衡，增強肌膚的自我保護，是角質層中重要的活膚成分，能增強皮膚屏障，重建細胞。

4. **乳酸鈉**：是天然保溼因子，人的皮膚角質層中四分之一的成分為乳酸鈉，可防止皮膚水分揮發。

# IV - I 美白系列

1. **母菊花**：調節角質層的代謝，密集補水，保護表皮抑菌修復，是非常適合嬰幼兒的溫和成分。

2. **甘草酸二甲**：抑菌消炎，提升免疫力，改善皮膚泛紅。

3. **白茅根**：調節肌膚細胞內的水分平衡，消腫抑菌，清除皮膚中的毒素。

4. **凝血酸**：也被稱作傳明酸，能速效地美白及淡化斑點，令肌膚呈現白皙柔潤、明亮晶透的完美膚質。

5. **野大豆甾醇**：促進皮膚的新陳代謝。

6. **白藜蘆醇**：抑制酪胺酸酶的活性，分解色素，美白肌膚。

7. **泛醌**：泛醌又稱輔酶 Q10，增加皮膚中透明質酸含量。

8. **曲酸二棕櫚酸酯**：抑制酪胺酸酶的活性，安全高效的美白淡斑成分。

9. **維他命 B3 Vitamin B3**：維他命 B3 基本上可以改善大多數的肌膚問題，例如減少油脂分泌、改善細紋、增加皮膚屏障能力等。而它最受注目的功效是抑制黑色素，也就是美白的效果，加上維他命 B3 的安定性佳，對皮膚無刺激性，經常廣用在各種保養品中。

10. **麴酸 Kojic Acid**：麴酸是從麴萃取出的成分，麴酸會抓住銅離子，抑制酪胺酸酶形成黑色素，因此擁有美白效果。麴酸也能對抗自由基，增強肌膚防禦力與代謝力，作用溫和，對肌膚沒有刺激性。

11. **鞣花酸 Ellagic Acid**：是一種存在於天然莓果的多酚成分，能夠中和銅離子、抑制酪胺酸酶作用，進而阻止麥拉寧黑色素的產生，有美白淡斑的效果。鞣花酸也具有抗氧化性，可有效對抗自由基，延緩老化，保護肌膚免受外界傷害。

12. **熊果素 Arbutin**：天然熊果素大多存在於一些莓類的植物中，可阻斷酪胺酸酶的活化作用及麥拉寧色素的生成，加速黑色素的分解與排除，達到美白、淡斑效果，作用比維他命快，在亞洲國家格外受到歡迎。

13. **維他命 C 衍生物 Vitamin C Derivatives**：維他命 C 衍生物例如維他命 C 糖苷、維他命 C 磷酸鎂、維他命 C 磷酸鈉等，都是屬於能還原已生成的黑色素的美白成分，穩定性高，具有抗氧化、美白淡斑的效果。

14. **珍珠粉 Pearl Extract**：自古珍珠粉就是養顏美容聖品，珍珠粉含有珍珠蛋白及多種微量元素、胺基酸等成分，可清除自由基，預防肌膚老化，同時抑制麥拉寧色素生成，可以改善膚色、去除斑點，內服外用讓美白效果更顯著。

15. **大黃 Rheum**：大黃的根莖萃取物，具有抑制黑色素生成、清除自由基的良好作用，使用在化妝品中，可發揮淡化斑點、淨白膚色、延緩肌膚老化等效果。而大黃本身具有解毒療瘡的功效，也可用來改善痘痘問題。

16. **黃蓮 Coptis**：黃蓮具有抑制酪胺酸酶、抑制痤瘡桿菌的作用，若使用在美容保養品中，則可以發揮淨化毛孔、提亮膚色的美膚效果。

# IV - II 美白系列

1. **α - 熊果苷**：能有效地抑制皮膚中的生物酪氨酸酶活性，阻斷黑色素的形成，通過自身與酪氨酶直接結合，加速黑色素的分解與排泄，從而減少皮膚色素沉積，$\alpha$ - 熊果苷的美白效果是 $\beta$ - 熊果苷的 10 倍左右。

2. **海鹽**：是皮膚天然的調理劑，深入肌膚毛孔，對皮脂腺有調節作用，幫助皮膚維持正常的角質代謝。

3. **歐錦葵**：持久保溼、緩解刺激、抗氧化。

4. **黃花九輪草**：降低酪胺酸酶的活性，減少黑色素的生成，透亮作用是 VC 的很多倍。

5. **羽衣草**：阻斷色素形成，美白、活膚、收斂止血、消毒除菌。

6. **辣薄荷葉提取物**：抗炎、抗氧化。

7. **藥用婆婆鈉提取物**：含有豐富的維生素，可鎮靜收斂、修復受損肌膚。

8. **蜂蠟**：抗炎、抗菌、抗敏和抗氧化，促進細胞再生，對燒傷燙傷有很好的功效。

# Ⅴ‐Ⅰ 控油平衡系列

1. **杏仁苷油脂類**：抗氧化，消除紅腫。
2. **野大豆甾醇**：調節水油平衡，抗炎，促進皮膚的新陳代謝。
3. **石榴果提取物**：抗氧化、消炎抗菌。
4. **白藜蘆醇**：抑制酪胺酸酶的活性，分解色素，美白肌膚。
5. **果酸 Alphahydroxy acid**：由多種天然蔬果中所萃取的自然酸，俗稱為果酸。果酸的效用可直達真皮層，刺激肌膚的程度又小於 A 酸，經常用於加速肌膚角質代謝，抑制油脂減少痘痘生長，改善皮膚膚色及細滑度。
6. **杏仁酸 Mandelic acid**：杏仁酸是由苦杏仁萃取而得的果酸，能溫和不刺激地滲透角質層。低濃度的杏仁酸，可促進角質代謝，改善痘痘、毛孔粗大問題；高濃度的杏仁酸，可深入肌膚發揮作用，促進膠原組織增生，改善皮膚細紋問題。與傳統果酸相較起來，美白效果也更顯著。

# V - II控油平衡系列

1.  **α - 熊果苷**：熊果苷能有效地抑制皮膚中的生物酪胺酸酶活性，阻斷黑色素的形成，通過自身與酪氨酶直接結合，加速黑色素的分解與排泄，從而減少皮膚色素沉積，α - 熊果苷的美白效果是 β - 熊果苷的 10 倍左右，同時還具有潤膚和殺菌作用。

2.  **歐錦葵**：持久保溼、緩解刺激、抗氧化。

3.  **黃花九輪草**：降低酪胺酸酶的活性，減少黑色素的生成，美白作用是 VC 的很多倍。

4.  **羽衣草**：阻斷色素形成，美白、活膚、收斂止血、消毒除菌。

5.  **積雪草提取物**：具有殺菌抗炎、促進傷口癒合。

# VI - I 眼部系列

1. **二肽二氨基丁醯　基醯胺二乙酸鹽**：是一種合成胜肽，塗抹式肉毒，有效阻斷肌肉收縮的信號傳遞，平復各類表情紋、靜態紋及細紋，平滑肌膚。

2. **棕櫚醯三肽 -5**：俗稱三胜肽，促進膠原蛋白和彈性蛋白的合成，撫平皺紋和緊膚。

3. **橙皮甘甲基查爾酮**：有較強的抗病毒和抗菌作用，能抑制酪胺酸酶，可用於美白淡化斑。提高毛細血管抵抗力，改善和預防皮膚紅血絲。

4. **棕櫚醯四肽 -7**：是一種多肽，主要作用是抗氧化劑、抗炎。

5. **二肽 -2**：改善眼部水腫，改善血液迴圈。

6. **長柔毛薯蕷**：含有多種氨基酸，舒緩抗敏、殺菌消炎。

7. **木糖醇**：持久保溼，抗氧化。

8. **水解大豆蛋白**：促進膠原蛋白的形成，分子比膠原蛋白小，易於吸收。

# VI - II 眼部系列

1. **橙皮甘甲基查爾酮**：有較強的抗病毒和抗菌作用，能抑制酪胺酸酶，可用於美白淡化斑。提高毛細血管抵抗力，改善和預防皮膚紅血絲。

2. **二肽 -2**：改善眼部水腫，改善血液迴圈。

3. **棕櫚醯四肽 -7**：是一種多肽，主要作用是抗氧化劑、抗炎。

4. **棕櫚醯三肽 -5**：俗稱三胜肽，促進真皮層中膠原蛋白和彈性蛋白的合成，撫平皺紋和緊膚。

5. **透明質酸鈉**：是人體內一種固有的成分，提供細胞代謝的微環境，它是將一種人體天然的「透明質酸」配合以其他促進細胞再生除皺。

# VII 防護系列

防曬成分：

1. 甲氧基肉桂酸乙基己酯：對抗紫外線 UVB。

2. 奧克立林：對抗 UVA 和 UVB。

3. 二乙胺強苯甲醯基苯甲酸己酯：對抗紫外線 UVA 。

4. 丁基甲氧基二苯甲醯基甲烷：對抗 UVA。

5. 氧化鋅 Zinc Oxide：幾乎可阻隔所有波長的紫外線，是寬頻防護防曬品的最佳選擇。一般的氧化鋅塗抹後肌膚明顯偏白，且感覺厚重，但是經過顆粒大小的改良，過白與厚重的問題已大幅改善。

6. 二氧化鈦 Titanium Dioxide：可阻隔紫外線 B 及短波 UVA，與氧化鋅搭配可達到紫外線寬頻防護功效。具有高度遮蓋力，也常作為白色色素使用運用在遮瑕膏、素顏霜等配方中。

7. 水楊酸鹽 Salicylates： 吸收紫外線 UVB （280 ～ 320 nm），屬於防護功能較弱的化學防曬劑，作為輔助防曬劑，常與用於其他防曬劑的溶劑和穩定結合劑，為油溶性。

8. 肉桂酸鹽 Cinnamates：紫外線吸收劑，可以有效阻隔 UVB （290 ～ 320）。

9. 辛環烯烷 Octylcrene ：阻隔 UVB。

10. 二苯甲酮 Benzophenone ：能夠吸收紫外線 UVB （280 ～ 320 nm）和短波 UVA （320 ～ 340 nm） ，可能引起皮膚過敏反應，還可能會擾亂荷爾蒙。

11. 鄰氨基苯甲酸鹽 Amthranilate： 主要作為 UVA 的吸收劑。

處方式保養：一客一方皮膚管理技術
/ 劉興亞作 . -- 初版 . -- 臺北市：
碧盈美學集團 , 2021.06
272 面 ; 19×26 公分
ISBN 978-986-06606-0-9( 精裝 )
1. 皮膚美容學
425.3                          110007996

# 處方式保養
## 一客一方 皮膚管理技術

作　　者　劉興亞

文字整理　林怡慧

執行編輯　林怡慧、胡文瓊、瑟琳娜

文字校對　洪芷霆

封面設計　Rebecca

美術編輯　林雯瑛

插　　畫　郭晉昂

攝　　影　子宇影像工作室

企劃統籌　本是文創


出版發行　碧盈美學集團

地　　址　台北市復興南路一段 36-10 號 6 樓

電　　話　（02）27764381

網　　址　www.ebeyoung.com


初版一刷　2021 年 6 月

定　　價　NT$1359 元；RMB¥319 元


I S B N　　978-986-06606-0-9